KERSTIN FINKELSTEIN | REGINA MARUNDE

FAHR RAD!

ALLES ÜBER KAUF AUSRÜSTUNG, FAHRTECHNIK UND REPARATUREN

DELIUS KLASING VERLAG

Inhalt

7 Warum eigentlich Radfahren?
- 7 Fun, Fun, Fun – und ja, gesund ist es auch
- 8 Beteiligte und Verunglückte
- 10 Ein Traum im Fahrradsattel – die Welt(-stadt) ohne Autos
- 14 Ja, wo fahren sie denn? – Eine kurze Entwicklungsgeschichte des Rades

23 Fahrradkauf
- 23 Das Fahrrad ist wie eine Tasse Kaffee – wie viel Latte Macchiato darf es denn sein?
- 27 Hollandrad
- 29 Citybike
- 31 EXTRA: INTERVIEW zum Thema Materialermüdung
- 33 Trekkingbike
- 35 Mountainbike
- 38 Rennrad
- 40 E-Bike
- 42 Vom Profi spielen zur Selbsterkenntnis oder: Wer will eigentlich 28 Gänge?
- 42 Familienfahrer
- 43 EXPERTENINTERVIEW: Froschhupe und Puppensitz
- 48 Alltagsbegleiter
- 52 Reiseradler
- 55 EXPERTENINTERVIEW mit Gunnar Fehlau
- 56 Leistungssportler
- 58 EXPERTENINTERVIEW: Der goldene Radler
- 60 Tipps für den Radkauf
- 62 Berührungspunkte – ein paar Bemerkungen zu Sätteln, Griffen und Pedalen
- 62 Sättel
- 64 Pedale
- 68 Griffe

70 Radhaltung
- 70 Dehnen, recken, aber nicht strecken – die Ergonomie
- 70 Ergonomie für Starter
- 75 Ergonomie für Fortgeschrittene
- 85 Ein gerader Rücken kann Orthopäden entzücken – Sitzhaltung und Haltungsirrtümer

86	Sattelhöhe	124	Im Alltag genießen – die Kurzstrecke macht den Unterschied
87	Sitzgeometrie		
87	Tritttechnik	125	Wetter
90	Ausgleich für den Ausgleich – Liegestütz und Blattspinat	128	EXPERTENINTERVIEW: Tea to drive statt röchelnd im Bett
90	Ernährung		
97	Stretching	129	Kleidung
102	Kräftigung	131	Wartung
		134	Reparaturen
		136	Beleuchtung
		138	Reifen
		140	Accessoires

108 Radfahren

- 108 Vom Homo Bürostuhl zum Homo Zweirad – der Trainingsstart
- 108 Gesundheitsuntersuchung
- 110 Leistungsdiagnostik
- 111 Fahrsicherheitsseminare
- 114 Alles, was Recht ist!
- 116 Fit (wie) für die Tour de France – Trainingspläne für Durchstarter
- 118 Einsteiger
- 121 Gesundheitssportler
- 122 Leistungsorientierte Sportler

146 Ausblick

- 146 Gesund, flexibel und schnell – (Ihre) Zukunft fährt Rad

Warum eigentlich Radfahren?

Fun, Fun, Fun – und ja, gesund ist es auch ...

Das Fahrrad ist ein Alleskönner. Es trainiert den Kreislauf, die Muskulatur und das Herz, entspannt die Nerven und bringt gleichzeitig den Stoffwechsel auf Hochtouren. Wer das Radfahren für sich entdeckt, ist seltener erkältet und hat weniger Rückenschmerzen als der Durchschnitt. Gleichzeitig neigen Pedaleure noch zu Idealgewicht – sie fühlen sich also nicht nur besser, sondern sehen auch flotter aus!

Aber nicht nur den Velozipisten selbst macht das Radfahren glücklich: Zugleich schont es noch Nasen und Ohren seiner Mitmenschen, lässt Bäume aufatmen und erfreut die Gemeinschaftskasse. So zeigt etwa eine aktuelle Studie in drei norwegischen Städten, dass 30 Minuten Radfahren pro Tag eine jährliche Ersparnis von 3000 bis 4000 Euro an gesellschaftlichen Kosten bringt – ein Großteil davon entfällt auf das Gesundheitssystem.

Überhaupt liegt das Rad bei jedem vorn, der rechnen kann: Was vorher durch Absolvieren von Alltagswegen verlorene Zeit war, wird mit dem Velo zur Trainingsstrecke; keine Sportart schafft – integriert in den Alltag – ansatzweise eine so positive Bilanz zwischen Zeitaufwand und Ergebnis!

Zugleich sind die Zeiten der uniformen Einheitsfahrräder lange vorbei. Heute kann nicht nur jeder Sporthungrige ein genau zu ihm passendes Rad wählen – auch ein Hipster kommt für seinen coolen Stadtauftritt nicht mehr ohne Pedale aus. Zu allem Überfluss kommen Velolenker meist im innerstädtischen Bereich so schnell wie mit keinem anderen Verkehrsmittel ans Ziel.

Keine Frage also: Das Fahrrad ist Klassenbester. Nicht einmal die eigenen Füße können mit dem Speichengefährt mithalten: Radfahren verfügt bei Menschen über den höchsten Wirkungsgrad, mit eigener

Muskelkraft voranzukommen. Wissenschaftlich liest sich das so: Auf dem Rad können bis zu 98,6 % der auf die Pedale einwirkenden Kräfte in Vortrieb umgesetzt werden – während etwa Fußgänger ein Drittel ihrer Leistung verschwenden.[1] Aber auch ohne Formeln weiß jeder: Mit dem Velo kommt man schlicht weiter als auf den eigenen zwei Beinen.

Nicht zuletzt haftet den gespeichten Reifen auch immer ein Hauch Revolution an: Frauen etwa konnten vor gut hundert Jahren endlich ihren Radius erweitern und sich von der engmaschigen Überwachung des eigenen Wohnumfeldes befreien. Dafür tauschten sie zunächst einmal die Ohnmacht fördernden Korsetts und unhandlichen Reifröcke gegen praktische Hosen ein – das Rad wurde und machte Mode. Auch heute erleben wir eine samtene Revolution der Städte: Vorbei sind die Zeiten, in denen sich alles nur am Bedürfnis der Autofahrer ausrichtete, dafür Parks verstümmelt und alte Häuser abgerissen wurden, um nur ja genug Raum für Parkplätze und Straßen zu schaffen. Heute richtet sich modernes Denken wieder an Lebensfreude aus, Rad- und Fußwege werden geschaffen, Straßen vom Autoverkehr beruhigt, Begegnungszonen eingerichtet.

Denn Radfahren steht für Leben(sfreude) und ist zu guter Letzt noch das sicherste aller Verkehrsmittel.

Also: Aufsteigen und genießen!

Beteiligte und Verunglückte

GETÖTETE BEI VERKEHRSUNFÄLLEN NACH ART DER VERKEHRSBETEILIGUNG

GETÖTETE (Einschließlich innerhalb von 30 Tagen Gestorbene)	2011	2012	2013	2014
Benutzer von ...				
• Fahrrädern	399	406	354	396
• Krafträdern mit Versicherungskennzeichen	70	93	73	87
• Krafträdern mit amtlichen Kennzeichen	708	586	568	587
• Personenkraftwagen	1986	1791	1588	1575
• Bussen	10	3	11	13
• Güterkraftfahrzeugen	174	154	148	143
Fußgänger	614	520	557	523

Quelle: Statistisches Bundesamt

Fahrrad fahren. Max Glaskin. Delius Klasing Verlag, S. 16

△ *Keine Sorge: Radfahren macht putzmunter und – liebe Männer – mitnichten impotent ...*

Ein Traum im Fahrradsattel – die Welt(-stadt) ohne Autos

Sie sind bereits entschlossen, Ihr Leben auf selbst angetriebene Räder zu stellen und fortan nicht ohne Ihr Fahrrad das Haus zu verlassen? Nun, dann können Sie sich im folgenden Abschnitt entspannt zurücklehnen und genießen – denn schließlich wird Ihre Entscheidung nicht nur mehr Freude und Gesundheit in Ihr eigenes Leben bringen:

So belastet nach Angaben des Umweltbundesamtes jeder Bundesbürger jährlich seine Umwelt mit durchschnittlich elf Tonnen CO_2. Davon stammen circa zwei Tonnen aus dem Bereich Verkehr. Ein Durchschnittsdeutscher geht zurzeit pro Tag etwa 600 Meter zu Fuß und legt einen Kilometer mit dem Fahrrad zurück. Würden sich diese Strecken zuungunsten des Autoverkehrs verdoppeln, blieben der Atmosphäre bereits jährlich fünfeinhalb Millionen Tonnen CO_2 erspart. Und wer zum Beispiel seinen fünf Kilometer langen Arbeitsweg mit dem Rad statt dem Pkw zurücklegt, vermindert seine Verkehrsemission um 20 Prozent und verhindert jährlich die Entstehung von mehr als 400 Kilogramm Treibhausgasen.

Auch die Volkswirtschaft könnte aufatmen. Denn, so bitter es klingt: Jeder Unfall und jede Krankheit lassen sich auch in Euro umrechnen. Egal ob es sich dabei um Stresserkrankungen durch Lärm, Atemwegsgebrechen durch Abgase oder Unfallschäden bis hin zu Todesfällen handelt: Zusammen-

△ Einmal pro Jahr freie Fahrt auf der Autobahn: Sternfahrt des Allgemeinen Deutschen Fahrradclubs in Berlin.

gerechnet liegen allein die externen Kosten des Autoverkehrs in Deutschland bei jährlich etwa 80 Milliarden Euro (zum Vergleich: Die Einnahmen aus der Energiesteuer, früher Mineralölsteuer, belaufen sich auf 39,4 Milliarden, jene aus der Kfz-Steuer auf 8,5 Milliarden Euro). Hinzu kommen 17,5 Milliarden für den Straßenbau sowie weitere Milliarden für die Bereitstellung von Stellflächen, Straßenbeleuchtung und -reinigung, Rettungsdienste, Wirtschaftsförderung im Straßenbau ... Bedenkt man, dass lediglich gut die Hälfte der Deutschen überhaupt ein Auto besitzt, erstaunt die Selbstverständlichkeit, mit der diese Kosten auf die Allgemeinheit umgewälzt werden.

Natürlich gibt es gerade im ländlichen Raum Gebiete, wo aufgrund verfehlter Verkehrspolitik für den Einzelnen kaum eine Alternative zum eigenen Pkw besteht. Werden Bahnhöfe geschlossen und Buslinien eingestellt, bedarf es zwangsläufig eines Autos. Immerhin sieht in Großstädten die Situation schon heute anders aus: So besitzt zum Beispiel nicht einmal mehr jeder dritte Berliner einen eigenen Pkw.

Und so gibt es Anlass für etwas Zukunftspoesie:

Es gibt da diesen Traum, dass sich eines Tages die Menschheit erheben wird und die wahre Bedeutung von Mobilität erkennt – denn wir halten diese Wahrheit für selbst-

△ *Fahrradstraße mit Pkw-Parken.*

verständlich: Städte sind für Menschen da, nicht für Autos!

Es gibt da diesen Traum, dass sich eines Tages, wo jetzt Hauptverkehrsstraßen Lebensraum zerschneiden und eine tödliche Gefahr für jeden darstellen, wieder Menschen begegnen werden. Dass dort, wo jetzt unter »Parkzone« Abstellflächen für Blech verstanden werden, stattdessen Bäume stehen. Bäume, die den Grundstoff für das Leben liefern, unser Dasein erst ermöglichen, anstatt es zu vergiften.

Es gibt da diesen Traum, dass wir unsere Kinder wieder alleine ihren Weg zur Schule und ins Leben entdecken lassen können – und sie nicht bei jedem Schritt unter allzeit schützender und fürchtender Hand durch die Gefahren tonnenschwerer Geschosse geleiten müssen.

Es gibt da diesen Traum, dass auch in einem Land wie Deutschland, wo Milliarden in einen nicht funktionierenden Flughafen gesteckt werden, eines Tages Radschnellwege eine Selbstverständlichkeit sind.

Es gibt da diesen Traum, dass unsere Kinder eines Tages in einem Land leben werden, wo Mobilität seine ursprüngliche Bedeutung wieder erlangt hat: sich selbst bewegen.

Es gibt diesen Traum.

◁ *In Zukunft vielleicht mal Politik aus der Speichenperspektive?*

> Autos sind für private Haushalte mit Abstand die teuersten Verkehrsmittel. Durchschnittlich 300 Euro werden dafür pro Monat ausgegeben. Dem gegenüber stehen lediglich 34 Euro für öffentlichen Nahverkehr und sechs Euro fürs Fahrrad zu Buche.
>
> Zugleich steigen die individuellen Kosten für den Autoverkehr im Vergleich zur allgemeinen Preisentwicklung überproportional. Dennoch nimmt die Pkw-Dichte weiterhin zu: Derzeit besitzen 573 von 1000 Deutschen ein Auto. Zum Vergleich: in Dänemark kommen lediglich 410 Pkw auf 1000 Einwohner.
>
> Im Vergleich zur Anzahl der Fahrräder gibt es in Deutschland jedoch immer noch verhältnismäßig wenig Autos: Fast 70 Millionen Räder und »nur« 43 Millionen Pkw verteilen sich auf 82 Millionen Einwohner.

Ja, wo fahren sie denn? – Eine kurze Entwicklungsgeschichte des Rades

Von Hochradstürzen und Selbstbefriedigung bis zur Emanzipation der Frau

Das Fahrrad ist also ein rechtes Wundermittel, lässt Gesundheit und Städte gedeihen, die Umwelt verschnaufen und die Zukunft ein wenig leiser und freier erscheinen. Aber wie sieht es mit der Geschichte aus – wer also hat es erfunden, das Rad?

Eine nicht ganz einfach zu beantwortende Frage, reklamieren doch mit Frankreich, Großbritannien und Deutschland gleich drei Länder für sich, den Erfinder hervorgebracht zu haben. Alle haben recht, kommt es doch stets darauf an, ab wann man von einem Velo sprechen kann. Behauptet man, dass ein Fahrrad alles mit zwei Rädern und menschlicher Kraft als Antrieb ist, dann kann Karl Freiherr Drais von Sauerbronn als Erfinder durchgehen. Der umtriebige Deutsche erfand neben einem Aufzeichnungsgerät für Klaviere und einem Schnellschreibapparat im Jahre 1817 auch die Draisine. Besonderen Anklang fand er mit diesem Laufrad und Vorreiter einer Erfindung, die bis heute von Milliarden Menschen genutzt wird, jedoch nicht: »Die ganze Maschine ist auf Lächerlichkeit angelegt, denn nur Kinder können sich derselben, der komischen Gestikulation wegen, die man dabei machen muß, bedienen. Es sieht fast so aus, wenn man auf der Maschine sitzt, als wolle man auf dem Straßenpflaster Schlittschuh laufen. Genug, seit Erfindung dieses ganz zwecklosen Spielzeugs, hat Hr. von D. so zu sagen seinen Verstand verloren.« [2]

Ein wenig ernster nahm hingegen die Politik die damalige Erfindung – 1820 ver-

▷ *Radgeschichte in der Ausstellung »Das Fahrrad«, Hamburger Museum der Arbeit.*

---

2 Karl Gutzkow nach Cyclomanie. Elmar Schenkel. Isele, S. 22

Die Entwicklungsgeschichte des Fahrrads

1818
Draisine
Karl von Drais
Deutschland

1830
zweirädriges Velociped
Thomas McCall
Schottland

1885
»Safety Bicycle«
(Sicherheitsrad)
John Kemp Starley
England

1960er-Jahre
Rennrad
—

bot Preußen das Laufradfahren. Schließlich hatte es sich bis dahin trotz aller Lästereien zu einem beliebten Studentenhobby entwickelt, und selbige galten, vor allem, wenn sie sich im Rudel zusammenrotteten, als mögliche Gefahr für die herrschende Klasse. Vielleicht wurde durch dieses frühzeitige Verbot also der erste Fahrradflashmob der Geschichte verhindert.

Die Entwicklung des Rades selbst war hingegen nicht mehr aufzuhalten. Bald gesellte sich der Pedalantrieb zum Laufrad und revolutionierte die individuelle Reisegeschwindigkeit: Immerhin war man bis dato entweder auf Kutsche oder Zug angewiesen, um schneller als ein Fußgänger zu sein, nun konnte man ganz selbstbestimmt schneller durch die Lande ziehen. Der Selbstbestimmung

1830
Velociped
Pierre Michaux
Frankreich

1870
Hochrad
James Starley
Frankreich

Mitte der 1970er-Jahre
Mountainbike
—
USA

standen nur Kutscher und kläffende Hunde entgegen, gegen die man sich mit Knallkörpern und Platzpatronen zur Wehr setzte.

Leider bekam jedoch offenbar nicht jedem menschlichen Kopf die neue Geschwindigkeit gut – das Fahrrad jedenfalls (de)formierte sich zunächst in Richtung Hochrad und brachte von dort manch Lernwilligen zur Verzweiflung respektive ins Krankenhaus. Zu den prominenten Radlern, die ihre Erlebnisse mithilfe eines eigens angeheuerten Lehrers schilderten, gehörte Mark Twain. Der Brite hatte das zweifelhafte Vergnügen, das damals moderne Hochrad in all seinen Facetten kennen zu lernen – besonders aus der Dackelperspektive, nahm es aber mit Humor. »Der Experte erklärte kurz die Gesichtspunkte des Dings, dann stieg

△ Ein Rad für die Frau?

△ *Frau von heute: atmungsaktives Shirt statt Korsett.*

er auf dessen Rücken und fuhr ein wenig herum, um zu zeigen, wie einfach das geht. Er sagte, daß das Absteigen die vielleicht schwierigste Sache der Welt sei, deshalb würden wir uns das bis zum Schluß aufsparen. Da hatte er sich aber getäuscht. Zu seiner freudigen Überraschung brauchte er mich nur auf der Maschine zum Rollen zu bringen und aus dem Weg zu gehen, und schon kam ich von alleine herunter. Obwohl ich doch völlig unerfahren war, stieg ich in Rekordzeit ab.«[3]

Wenig später entwickelte sich das Hochrad bereits zum bis heute bestaunten Museumsstück; auf der Straße trat gegen Ende des 19. Jahrhunderts an seine Stelle das »safety bike«, das in seiner Grundkonstruktion dem auch heute noch üblichen Fahrrad ähnelt. Darauf zu fahren, war dennoch nicht für alle möglich: Denn Frauen auf dem Fahrrad – das konnte nicht gut gehen, sorgte sich mancher Mann im ausgehenden 19. Jahrhundert: »Es kann keinem Zweifel unterliegen, daß, wenn die betreffenden Individuen es wollen, kaum eine Gelegenheit zu vielfacher und unauffälliger Masturbation so geeignet ist, wie sie beim Radfahren sich darbietet. So bietet der Sitz, rittlings mit

---

3 Schenkel, S. 36

ausgespreizten Schenkeln, ausreichend Möglichkeit, solchem Hange nachzugehen. (...) Wenn das zarte Geschlecht absolut das Bedürfniss zur Betätigung seiner Strampelkraft fühlt, so kann es diese ebenso gut an der Nähmaschine efektuieren.«

Es galt also nichts weniger, als die Moral der Frau zu retten, denn an der hing schließlich die Macht des Mannes. Aber die wenig schutzwillige Damenwelt fand dennoch ihren Weg aufs Rad. »Das Bicycle«, behauptete die österreichische Frauenrechtlerin Rosa Mayreder Anfang des 20. Jahrhunderts denn auch, »hat zur Emanzipation der Frau mehr beigetragen als alle Frauenbewegungen zusammen.«

Diese Beziehung, also Frau auf Sattel, war jedoch hart erkämpft worden. Amalie Rother etwa schildert ihre erste Radtour zu Beginn der 1890er-Jahre mit einer Freundin durch Berlins Zentrum wie folgt: »Sofort sammelten sich hunderte von Menschen, eine Herde von Straßenjungen schickte sich zum Mitrennen an, Bemerkungen liebenswürdigster Art fielen in Haufen, kurz, die Sache war das reinste Spiessrutenlaufen, so dass man sich immer wieder fragte, ob das Radfahren denn wirklich alle die Scheusslichkeiten aufwöge, denen man ausgesetzt war.«

Ganz unmöglich war das Radfahren zu dieser Zeit noch für Arbeiterfrauen. Der Preis eines Fahrrades war so hoch, dass, wenn überhaupt eine solche Anschaffung getätigt werden konnte, sie dem Manne überlassen werden musste. Erst mit dem Beginn der Massenproduktion um die Jahrhundertwende änderte sich dieser für Frauen untragbare Zustand, nur Damen aus besser situierten Kreisen hatten da schon Abenteuerfahrten weit jenseits städtischen Asphalts unternommen.

So berichtet etwa Margaret Valentine Le Long über ihre Reise von Chicago nach San Francisco (1898): »Unbeirrt durch die Opposition aller Freunde und Bekannte setzte ich meine Vorbereitungen für die Radreise fort. Diese waren nicht allzu umfänglich. Unterwäsche zum Wechseln, ein paar Toilettenartikel und ein sauberes Taschentuch schnallte ich auf meinen Lenker, und eine geborgte Pistole steckte ich extra in meine Werkzeugrolle. Und so startete ich eines Morgens im Mai unter einem vielstimmigen Chor von Prophezeiungen für gebrochene Glieder, Tod durch Verhungern oder Ver-

△ *Victoria Damenrad mit Beiwagen fürs Baby »Velo-Diner« (1925).*

dursten, Verführung durch Cowboys oder Skalpiertwerden durch Indianer.«

Schon vier Jahre vorher hatte sich die gebürtige Lettin und Neu-US-Amerikanerin Annie Londonderry auf die Reise gemacht. Als erstem Menschen überhaupt gelang ihr die Umrundung der Welt auf dem Fahrrad. Heute sind Rad fahrende Frauen im Guten wie im Schlechten kein Thema mehr. So sucht man etwa Berichterstattungen über aktuelle Fahrradrennen meist vergeblich. Zugleich verliert niemand mehr eine Zeile über die Alltagsradlerin. Ob im kurzen Rock, Kostüm oder in Funktionskleidung: Frauen auf Rädern sind selbstverständlich. Hierzulande. Bis heute »schickt es sich« für Frauen in den meisten muslimischen Ländern nicht, Rad zu fahren. Das altbekannte Spiel von Moral und Macht.

Kurz gesagt: Das Fahrrad ist Revolution! Möge sie voran radeln.

Fahrradkauf

Das Fahrrad ist wie eine Tasse Kaffee – wie viel Latte Macchiato darf es denn sein?

Früher kaufte man »ein Fahrrad« und bestellte »eine Tasse Kaffee«. Heute wird man gefragt: Fully, Singlespeed oder Pedelec? Was steckt hinter dem Verkäufersprech?

Manche Radtypen sind nur für einen einzigen Zweck konstruiert worden: Ein Bahnrad zum Beispiel hat nicht einmal Bremsen, dafür aber eine starre Nabe. Das ist weder komfortabel noch verkehrssicher – aber

◁ Manchmal entscheidet beim Fahrradkauf auch das Kapital.

△ Warum nicht mal das Gleichgewicht schulen und im Duo daher kommen? Buddy Bike.

△ Rad mit Coolnessfaktor samt Feinstaubfilter. ▽ Liegerad.

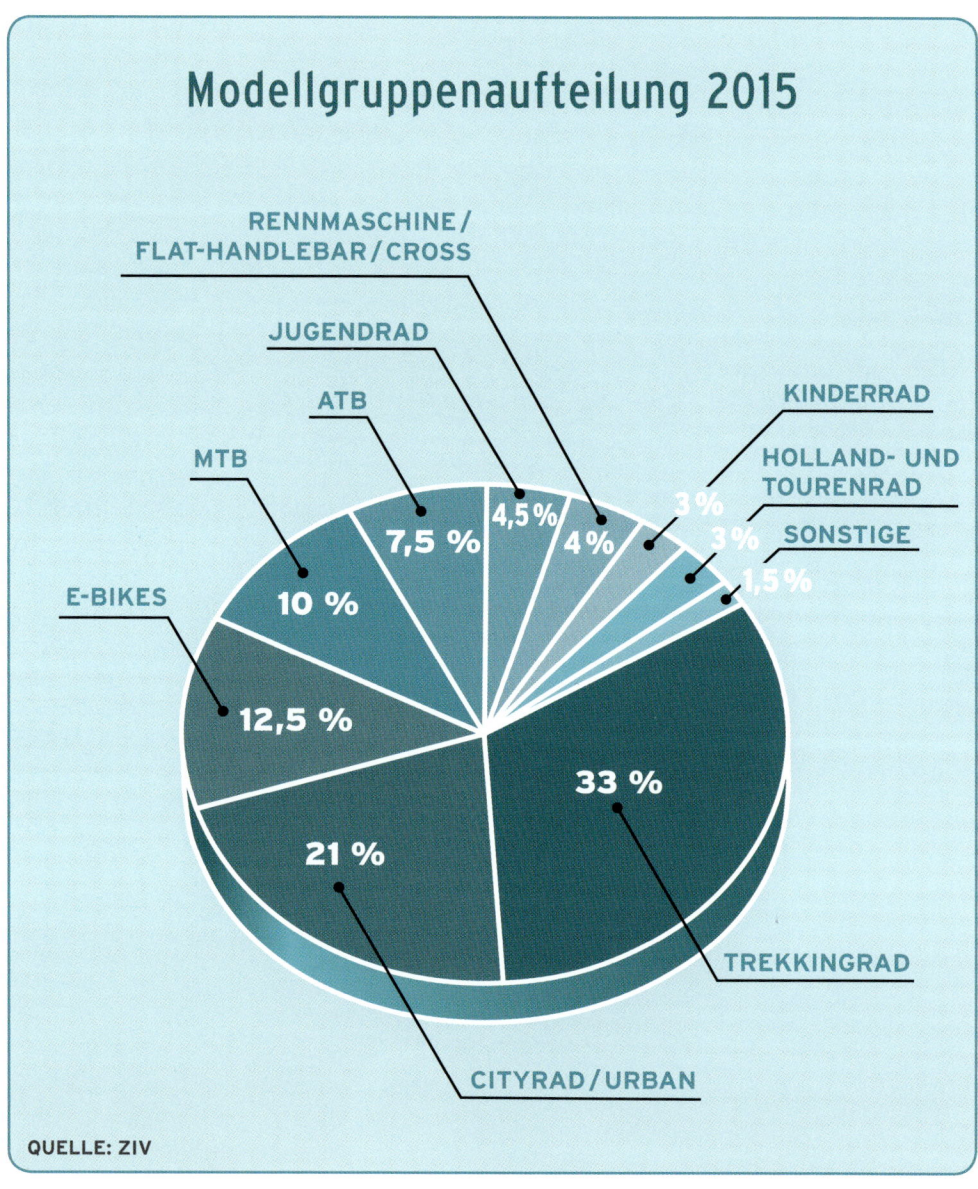

bestens geeignet für Topgeschwindigkeiten im Velodrom. Mountainbikes hingegen sind meist gefedert, sodass man mit ihnen bestens über Unebenheiten fahren kann – die breiten Reifen sorgen aber auch für höheren Rollwiderstand und damit keine besonders hohen Geschwindigkeiten auf der Straße.

Mit einem Trekkingbike hingegen wird man im Velodrom und Gelände keinen Pokal gewinnen – dafür ist es aber ein passender Begleiter für den täglichen Weg zur Arbeit oder einen Wochenendausflug samt Packtaschen fürs Picknick. Die schwierige Frage lautet also beim Radkauf wie im wirklichen Leben: Was will ich eigentlich?

HOLLANDRAD

Wie der Name bereits unschwer vermuten lässt, stammt das Hollandrad aus unserem Nachbarland. Dort hatte man sich zu Beginn der Fahrradgeschichte noch auf Importe aus England und Deutschland verlassen müssen, bis Ende der 1970er-Jahre selbst losgelegt wurde. Der Schwerpunkt lag weniger auf Innovation oder poppigem Design, die Räder sollten vielmehr für den Alltag tauglich sein: stabil, komfortabel, langlebig und ohne viel Schnickschnack. Viele Hollandräder kommen bis heute sogar ohne Gangschaltung aus. In dem größtenteils flachen Land ist diese zumeist auch gar nicht nötig.

Typisch ist für Hollandräder der relativ flache Lenkkopfwinkel von zirka 65°, der einen hervorragenden Geradeauslauf bewirkt. Der Lenker ist dabei nah am Körper, wodurch sich eine nur gering geneigte, bequeme Sitzhaltung ergibt, die Arme und Hände entlastet. Die meisten Modelle sind zudem mit einem stark gefederten Ledersattel ausgestattet. Inwieweit die aufrechte Haltung dem Rücken dient, ist indes umstritten, denn was zunächst bequem ausschaut, muss nicht zwangsläufig gesund sein. So führt eine etwas gebeugtere Haltung oftmals dazu, dass Unebenheiten etwa durch Schlaglöcher oder Kopfsteinpflaster besser abgefedert werden. Wer zu Rückenschmerzen neigt, sollte somit ein zunächst sportlicher anmutendes Modell bevorzugen (siehe Seite 102 zur Rückenkräftigung.).

Die Niederländer fahren ihre Räder zudem meist mit einer Rücktritt- oder mit einer Trommelbremse, die per Stange statt per Seilzug bedient wird. In Deutschland hingegen sind zwei voneinander getrennte Bremsen Pflicht. Als Variante wäre hier eine Rücktrittbremse in Kombination mit einer per Seilzug betriebenen Vorderrad-Trommelbremse zu nennen, die in dieser Form allerdings selten angeboten wird.

> An der **Rücktrittbremse** scheiden sich generell die Geister. Während die einen sagen, sie sei aufgrund der beinahe komplett fehlenden Wartung ideal, bemängeln andere ihre vergleichsweise geringe Präzision: So lässt sich mit einer Rücktrittsbremse nur dann eine sofortige Verlangsamung bewirken, wenn sich die Füße etwa in der waagerechten Mittelposition befinden. Zudem können die Pedalen, etwa in plötzlich schärfer werdenden Kurven, nicht spontan nachjustiert werden, um ein Schrammen auf dem Boden zu verhindern.

Auch bei der Beleuchtung gibt es eine Besonderheit: Der Dynamo des Hollandrades dient manchmal nur zum Betrieb der Vorderlampe. Das Rücklicht muss man in diesem Falle mit Akkus betreiben. Dies ist seit der Novelle der StVZO in Deutschland zwar erlaubt – aber unpraktisch.

Im Unterschied zu den meisten anderen Fahrrädern, verfügen die Hollandmodelle statt eines metallischen Bügels (»Federklappe«) über drei fest montierte Gummibänder, die Lasten auf dem Gepäckträger halten sollen. Zum geringen Wartungsaufwand der Hollandräder trägt entschieden auch der geschlossene Kettenschutz bei. Dieser wird traditionell aus Moleskin hergestellt, inzwischen gibt es aber auch etwas einfacher zu montierende Modelle aus Blech. Letzten Endes bedingt der hervorragende Kettenschutz jedoch immer eine zeitaufwendigere Reparatur, wenn etwa das Hinterrad wegen eines Schlauchdefekts herausgenommen werden muss.

Mit einem Hollandrad sieht man seinen Mechaniker also selten – im Falle einer Panne ist er dafür umso länger beschäftigt.

CITYBIKE

Citybikes, zu deutsch »Stadträder«, sind eine Alternative für Menschen, die häufig kurze Strecken bequem zurücklegen wollen. So fehlt den meisten Modellen dieser Art das Oberrohr, was einen komfortablen Einstieg ermöglicht. Da die Beweglichkeit vieler Menschen im Alter nachlässt, aber die Freude am Radfahren bleibt, bieten Citybikes mit ihrer Möglichkeit zum entspannten Aufsitzen eine gute Lösung. Einige Modelle werden zudem mit einer gefederten Vordergabel und Sattelstütze geliefert. Deren Qualität reicht freilich nicht, um eine flotte Geländetour hinzulegen – das ein oder andere Schlagloch kann jedoch abgemildert werden. Zumindest, so sie in guter Qualität verbaut werden. Oftmals finden sich gerade im preisgünstigen Segment jedoch Federungsmodelle, die kaum auf Unebenheiten ansprechen und somit wenig Nutzen bieten.

Das typische Citybike verfügt über eine per Nabendynamo betriebene Beleuchtung sowie eine wartungsarme, ebenfalls nabenbetriebene Gangschaltung mit drei bis neun Gängen. Die Lenker sind meist geschwungen und ermöglichen zusammen mit dem Rahmenbau eine aufrechte und komfortable Sitzposition, die dem Fahrer einen guten Überblick über das Verkehrsgeschehen ermöglicht.

Zudem sind Cityräder im Vergleich zu anderen Radtypen vergleichsweise preiswert. Wer also ein schlichtes, komfortables Rad für kurze Strecken sucht, ist mit einem Citybike gut bedient – schnelles, windschnittiges Fahren ist hingegen mit diesem Modell nicht möglich.

Feder oder nicht – daran scheiden sich die Geister!

Es gibt Federungen für Gabel, Sattel und Rahmen. Hier eine kurze Zusammenfassung der Vor- und Nachteile: Allgemein bieten Federelemente mehr Fahrkomfort und -sicherheit im Gelände.

Federgabeln bieten Entspannung für die Arme, den Schulter- und Nackenbereich. Stöße durch unerwartet auftretende Schlaglöcher oder andere Hindernisse können so sicherer bewältigt werden. Ihr Nachteil besteht im zusätzlichen Gewicht von etwa einem Kilogramm sowie der begrenzten Lebensdauer und hohen Wartungsintensität.

Federgabel

Rahmenfederungen bieten einen besseren Schutz des Rückens und Gesäßes vor Stößen. Leider machen sie das Fahrrad jedoch im Schnitt auch 1,5 Kilogramm schwerer und sind wartungsaufwendig.

Auch **Federsattelstützen** mildern Stöße gegen Rücken und Gesäß ab. Sie wiegen lediglich etwa ein halbes Kilo mehr, allerdings ändert sich die Sattelhöhe beim Einfedern. Für Rucksack- oder Kuriertaschenträger sind sie deshalb ungeeignet – es sei denn, die Federsattelstützen sind auf das zusätzliche Gewicht eingestellt worden.

Alternativ zu zusätzlich verbauten Federungen können auch **Ballonreifen** genutzt werden. Durch die größere Auflagefläche der Reifen auf der Straße werden jedoch nicht nur Stöße abgemildert – der Rollwiderstand steigt zugleich und lässt die Fahrt bei gleichem Aufwand etwas langsamer werden. Das Gleiche gilt im Allgemeinen für breitere Reifen: So bedeutet ein etwas geringerer Luftdruck mehr Komfort bei gleichzeitig höherem Rollwiderstand. Wer also nicht prall aufpumpt, sitzt gemütlicher und muss sich mehr anstrengen.

Dick und rund: Ballonreifen

Extra: Interview zum Thema Materialermüdung

Viele Fahrräder ähneln inzwischen Hochtechnologie-Geräten. Das kann die Freude am Fahren erheblich fördern – zugleich steigt so aber auch das Risiko von Schäden durch Materialermüdung. Für die Sicherheit der Zweiräder setzt sich Ernst Brust ein, der Geschäftsführer der Velotech. Das Schweinfurter Unternehmen bietet Herstellern von Fahrrädern und einzelnen Komponenten einen Prüfservice auf Basis höchster Sicherheitsstandards an.

▶ *Die Velotech bietet Unternehmen freiwillige Prüfungen an – gesetzliche Vorgaben gibt es in Deutschland hingegen nicht. Ist es nicht gefährlich, dass jeder irgendetwas herstellen kann, das rollt und darauf »Fahrrad« schreibt? Und wäre ein TÜV deshalb nicht sinnvoll?*

Gesetzliche Vorgaben gibt es in diesem Sinne nicht. Trotzdem gibt es Normen, die Anforderungen an die Fahrräder und die entsprechenden Einzelteile stellen. Ein Hersteller sorgt allein schon aufgrund des Produkthaftungsgesetzes dafür, dass sein Produkt die Mindestanforderungen erfüllt. Trotzdem ist es natürlich gefährlich, dass bei Fahrrädern nicht die gleichen strengen gesetzlichen Richtlinien wie in der Automobilbranche gelten. Gerade im Zuge der Revolution durch Elektroräder halte ich eine wesentlich genauere Produktüberwachung und auch Einführungskontrolle – im Idealfall durch den TÜV – für sehr sinnvoll. Denn auch ein Radfahrer ist ein Teilnehmer am öffentlichen Verkehr. In diesem Falle kann man definitiv sagen: Sicherer ist immer besser, und ein TÜV wäre sicherer.

▶ *Wie viele Unfälle geschehen in Deutschland jährlich etwa aufgrund von Materialermüdung/-schäden?*

Es ist unmöglich, eine qualifizierte Aussage über die Anzahl der Unfälle aufgrund von Materialermüdung zu treffen. Es gilt zu beachten, dass die Dunkelziffer an kleineren Zwischenfällen unabsehbar hoch ist. Wer meldet schon jeden kleinen Zwischenfall, bei dem nicht viel passiert ist? Gerade im Billigsegment macht sich der Endverbraucher oft keine Mühe mehr und entsorgt das Produkt einfach. Deshalb kann ich zu dieser Frage keine seriösen Angaben machen.

▶ *Wer ist für diese Unfälle verantwortlich? Hersteller, Händler, Radfahrer, …?*

Die Verantwortung richtet sich natürlich stets nach dem Hergang eines Zwischenfalls. Der Händler ist beispielsweise in der Verantwortungspflicht, wenn er ein nicht sauber gewartetes Rad verkauft. Es ist gut denkbar, dass der Bremssattel (eine Achsmutter) nicht korrekt festgeschraubt wurde oder ein Rad mit lockerem Lenker verkauft wird. In diesem Fall ist der Händler verantwortlich. Gibt es hingegen grundsätzliche Mängel an der Konstruktion und kommt es aufgrund dessen zu Zwischenfällen, so trägt der Hersteller die Schuld. Denkbar wären hier Rahmenbrüche an der immergleichen Stelle oder zu geringe Wärmestandfestigkeit beim Bremsen. Wartet der Endverbraucher hingegen das Fahrrad nicht korrekt oder gar nicht und fährt beispielsweise mit komplett verschlissenen Bremsbelägen oder verwendet das Produkt völlig falsch (etwa ein Rennrad zum Downhill fahren), so ist er selbst für mögliches Versagen verantwortlich.

▶ *Wie sieht es mit der Haftung für Schäden aus?*

Diese Frage lässt sich wohl pauschal nicht beantworten. Es ist ähnlich wie bei der Verantwortung – die Frage einer Haftung muss entsprechend im Einzelfall von Gerichten geklärt werden.

▶ *Wie kann sich ein Radfahrer am besten gegen solche Unfälle schützen?*

Einen kompletten Schutz gibt es für den Radfahrer nicht. Es beginnt schon mit der Wahl des Produkts: Ein gutes Rad muss nicht unbedingt enorm teuer sein, doch es gilt zu bedenken, dass Qualität ihren Preis hat. Ein Qualitätsprodukt erwirbt man nach wie vor am besten bei einem gut ausgebildeten Fachhändler. Doch dies ist nur ein Teil eines Schutzes. Ein Rad muss auch regelmäßig gewartet, auf Beschädigungen überprüft und Verschleißteile gegebenenfalls getauscht werden. Kennt man sich selbst nicht mit der Technik aus, sollte man die angebotenen Wartungsintervalle des Fachhändlers in Anspruch nehmen. Diese richten sich nach Produkt, Fahrweise und Anwendungsgebiet. Das kann unter Umständen jedes Jahr einmal sein, oder auch jedes halbe Jahr. Bei Rädern, die härter beansprucht werden, auch häufiger.

▶ *Viele Fahrradteile haben lediglich eine Garantie von ein oder zwei Jahren. Ist es nicht unredlich, so etwas überhaupt herzustellen? Bei elektronischen Geräten sind diese Sollbruchstellen inzwischen ja zu Recht in Verruf geraten.*

Nun, was heißt unredlich? Man versucht in der Fahrradbranche oft, das Gewicht zu reduzieren und trotzdem noch ein stabiles Produkt zu erhalten. Weniger Materialeinsatz bei mehr Haltbarkeit ist eine enorme Herausforderung für die Hersteller. Es gilt zu beachten, dass ein Fahrrad unzählige mechanische Verschleißteile enthält – und eine Garantie deckt ja stets nur Schäden ab, die auf fehlerhafte Herstellung und nicht auf Verschleiß zurückzuführen sind. Von daher würde ich hier nicht von unredlichen Herstellungsverfahren oder gar Sollbruchstellen reden. Die meisten Hersteller sind vermutlich schon sehr bemüht, ein möglichst langlebiges Produkt in den Markt einzuführen.

▶ *Was sollte man im Falle eines Unfalls tun? Gibt es eine Chance auf Schadensersatz? An wen sollte man sich zur gerichtsfesten Schadensaufnahme am besten wenden?*

Wie bei allen Unfallsituationen gilt zunächst: Ruhe bewahren. Menschlicher Schaden ist stets gravierender als ein paar kaputte Teile. Chance auf Schadensersatz besteht grundsätzlich schon. Es ist stets sinnvoll, sich an einen unabhängigen Gutachter zu wenden, sofern man berechtigte Hoffnung auf Schadensersatz hat. ■

TREKKINGBIKE

Reiseräder sind dazu da, die Welt zu erkunden: Ob es eine Tour gen Ostsee oder doch bis nach Shanghai sein soll – das Trekkingbike bringt einen im besten Falle sicher ans Ziel. Und braucht dafür einiges an Robustheit, schließlich soll es in der Lage sein, Dutzende Extrakilos in Packtaschen zu schultern und möglicherweise zusätzliche Gepäckhalter am Vorderrad zu tragen. Der Rahmen darf keinesfalls brechen, und es muss sich auch in einem Sand- oder Schneesturm bewähren. Reiseräder haben deshalb auch eine besondere Rahmengeometrie – schließlich sollen sie mit und ohne Gepäcktaschen sicher in der Spur liegen.

In puncto Wartungsaufwand und Gewicht stehen Trekkingräder zwischen den zuvor aufgeführten reinen Stadtmodellen und den noch folgenden Sportfahrrädern: Der Sitz ist weiterhin relativ aufrecht, aber bereits deutlich windschnittiger als bei City- und Hollandrad. Es ist somit möglich, lange Strecken zu fahren, auch mal etwas aufs Tempo zu drücken und dennoch nicht zwangsweise völlig verausgabt am Ziel anzukommen. Das Gewicht eines Trekkingrades liegt zumeist mehrere Kilo über dem eines Mountainbikes, zumindest bei den Modellen mit Kettenschaltung, allerdings oftmals unter dem von City- und Hollandrad.

Die meisten Treckingräder verfügen über eine fest montierte Lichtanlage mit Nabendynamo und sind somit straßenverkehrstauglich. Mehrheitlich werden auch Federsysteme verbaut (siehe dazu Extrakasten Federung).

Die meisten Fahrräder verfügen inzwischen über eine **Gangschaltung**. Das ist auch praktisch, wohnt schließlich nicht jeder auf dem im wahrsten Sinne des Wortes platten Land, sondern sieht sich schon mal mit der einen oder anderen Steigung konfrontiert. Folglich muss man sich zwischen Schaltungstypen entscheiden. Dabei gibt es zum einen die **Nabenschaltung**. Diese befindet sich, wie der Name bereits vermuten lässt, in der Radnabe. Dort ist sie vor Regen und Dreck gut geschützt und folglich wartungsarm. Leider ist sie auch schwerer als ihre Konkurrentin, die **Kettenschaltung**. Zudem verfügt Letztere über einen größeren Übersetzungsbereich – also einfach formuliert »mehr Gänge«, das heißt eine größere Abstufung zwischen dem kleinsten und größten Gang.

Nabenschaltung.

Kettenschaltung.

MOUNTAINBIKE

Auch wenn man das Mountainbike (Bergfahrrad) inzwischen oft in der Stadt antrifft – konzipiert wurde es ursprünglich für den Einsatz im Gelände und ist somit tendenziell eher ein Sportgerät denn eine Allzweckwaffe. Erst in den 1970er-Jahren entwickelte sich dieser Fahrradtyp und -sport und brachte gleich ein paar technische Neuheiten mit sich, über die sich ein Alltagsfahrer ohne Kenntnis der Mountainbikegeschichte nur wundern könnte: So sind Schnellspanner am Sattel nicht etwa dazu da, Dieben die Mitnahme zu erleichtern. Vielmehr fuhren die Pioniere des Geländefahrens mit ihrem Rad erst mühsam den Berg hinauf, stellten dann den Sattel auf die niedrigste Position und sausten, in den Pedalen stehend, wieder den Hang hinunter. Heute nutzt man zumindest im Profibereich bereits hydraulisch absenkbare Sattelstützen, lässt sich ansonsten per Lift auf den Berg bringen und cruist anschließend auf speziellen Downhill-Rädern wieder hinunter.

In den 1980er-Jahren wandelte sich das Mountainbike zum Massenphänomen und ging in Serienproduktion. Dabei entwickelte es sich ständig technisch weiter und brachte Innovationen hervor, die auch anderen Radtypen zugute kamen, wie etwa verschiedene Brems- (V-Brake, Scheibenbremse) und Federungssysteme (Federgabeln, Hinterbaufederung). Zugleich diversifizierte es sich auch, sodass wir inzwischen vor einem schier unüberschaubaren Markt an Mountainbiketypen stehen. Ein Versuch, einen einfachen Überblick zu verschaffen, könnte so aussehen: Zunächst hat sich die Laufradgröße bei Mountainbikes verändert. Gab es früher nur die 26er (angelehnt an den in Zoll berechneten Durchmesser des Laufrades), gibt es nun auch 29er, die durch die großen Laufräder mehr Fahrsicherheit bieten und auch über größere Absätze oder Trep-

pen mühelos abrollen. Aufgrund ihres guten Rollverhaltens eignen gerade sie sich für Bikemarathons. Als Zwischengröße hat sich das 27,5er (oder 650B) etabliert, das wendiger als das 29er und für kleinere Menschen einfacher zu handhaben ist.

Daneben unterscheidet man zwischen »Fully« und »Hardtail«. Ersteres ist vorne und hinten gefedert, Letzteres verfügt lediglich vorn über eine Federgabel. Es existieren mehr als ein Dutzend unterschiedlicher Mountainbikemodelle nebeneinander, wobei ein Großteil für bestimmte Teile des Offroad-Sports fabriziert wird. Die gängigsten und zum Teil auch für den Alltagsfahrer interessanten Modelle nennen sich

1. **All Mountain** – ein robustes Rad, mit dem man sowohl einfache Geländestrecken als auch eine Gebirgsüberquerung fahren kann;
2. **Cross-Country** – ein Rad für unbefestigte Wege und Straßen;
3. **Downhill** – ein Rad für die schnelle Bergabfahrt;
4. **Enduro** – ein vollgefedertes, aber tourentaugliches Rad.

Gemein sind allen Mountainbikes relativ breite Reifen mit starker Profilierung, die meisten verfügen zudem über eine Kettenschaltung und eine im Vergleich zu allen anderen hier vorgestellten Radmodellen geringe Rahmengröße. Die Bereifung richtet sich nach den gefahrenen Strecken. Es kann sowohl ein Allzweckreifen genutzt als auch Profil und Reifenbreite den jeweiligen Bedürfnissen entsprechend ausgewählt werden.

Da Mountainbikes mit einem Gewicht von acht bis 15 Kilogramm leichter und wendiger als Trekking-, City- und Hollandräder sind und nebenbei bemerkt auch schlicht gut aussehen, werden sie auch häufig im Stadtverkehr genutzt. Wer also im Alltag sportlich unterwegs sein will, aber am Wochenende auch gern einmal eine Tour durch den Wald macht, ist mit einem Mountainbike gut beraten.

MOUNTAINBIKE

RENNRAD

Ein Rennrad zeichnet sich gegenüber Alltagsfahrrädern vor allem dadurch aus, was es alles nicht hat: keinen Gepäckträger, keine Schutzbleche, keine Lichtanlage, keinen Radständer, keine Klingel, keine Speichenreflektoren. Schließlich kommt es bei diesem Modell primär nicht auf die Sicherheit im Straßenverkehr an, sondern lediglich auf das für den Sport wichtige niedrige Gewicht. Dieses liegt heute je nach Modell zwischen sechs und neun Kilogramm (zum Vergleich: ein Trekkingbike wiegt zwischen zehn und 15 Kilogramm, ein Citybike 15 bis 20 Kilogramm und ein Hollandrad 20 bis 25 Kilogramm).

Um die Windschnittigkeit zu erhöhen, sind Rennräder zudem sehr schmal: Das trifft nicht nur auf Felgen und Reifen, sondern auch auf den Lenker zu. Selbstverständlich gehören zur Grundausstattung Kettenschaltungen, die leichter und differenzierter als Nabenschaltungen sind.

Die Sitzhaltung auf einem Rennrad hat mit Bequemlichkeit wenig gemein, da der Sattel aufgrund der besseren Aerodynamik meist höher als der Lenker eingestellt wird. Der Rücken ist somit gebeugt und der Nacken angewinkelt – anderenfalls könnte der Fahrer den Straßenverlauf nicht mehr im Auge behalten. Ein Mensch, der sich auf dem Rennrad wohlfühlen möchte, sollte entsprechende Stabilität und Mobilität mitbringen (siehe Kapitel Ergonomie).

Im Gegensatz zu allen anderen Fahrrädern sind Rennräder nur selten mit Schlauchreifen ausgestattet. Stattdessen nutzt man Drahtreifen oder Reifen, die mit Fäden aus Kevlar durchsetzt sind.

Wer Radfahren als Sport betreiben will, fährt mit einem Rennrad sehr gut, schließ-

Interessant ist auch das **Material**, welches für den **Rahmenbau** von Fahrrädern verwendet wird. Die vier am häufigsten verwendeten Werkstoffe sind:

1. Stahl. Stahlrahmen gibt es schon seit vielen Jahrzehnten, die Technik ist also erprobt, der Grundstoff preiswert und stabil: Selbst nach einem Rahmenbruch ist eine zumindest kurzfristige Weiterfahrt möglich. Nachteilig sind die Möglichkeit der Korrosion und die Schwierigkeiten, dünnwandig zu arbeiten, was den Rahmen vergleichsweise schwer macht.

2. Aluminium. Aluminiumrahmen sind preiswert, da sowohl das Material wenig kostet als auch die Massenverarbeitung relativ einfach ist. Zugleich sind sie jedoch relativ anfällig, schon leichte Schläge können Dellen hervorrufen, darüber hinaus besteht die Gefahr von Spannungsrisskorrosion.

3. Carbon. Carbonrahmen sind sehr leicht, sie dämpfen Stöße und sind nicht der Gefahr von Korrosion ausgesetzt. Sie sind jedoch auch sehr teuer und empfindlich gegen Schläge. Dabei können nahezu unsichtbare Risse entstehen, die im späteren Verlauf zu Stürzen führen.

4. Titan. Auch Titanrahmen sind sehr leicht, korrosionsbeständig – und teuer. Darüber hinaus sind sie nicht sehr belastbar und daher nur für leichte Fahrer nutzbar.

lich sind die problemlos zu erreichenden hohen Geschwindigkeiten ein erheblicher Motivationsfaktor! Gleichzeitig gilt es zu bedenken, dass der Sportwillige dafür auch entsprechende Strecken in seiner Nähe haben sollte. Denn das Rennrad ist der Araberhengst unter den Fahrrädern, es in der Großstadt zu benutzen, ist zumeist irgend-

etwas zwischen überflüssig, ärgerlich und gefährlich: Wo zum Beispiel die Radwegebenutzungspflicht angeordnet ist, muss auch der Rennradfahrer auf die schmalen Buckelpisten ausweichen, die schon einem Normalsterblichen Probleme bereiten, kann sich doch ständig eine Autotür öffnen, ein Fußgänger oder Hund kreuzen oder an der nächsten Straßenecke ein Autofahrer die Vorfahrt schneiden.

Auch auf der Straße bewegt sich in deutschen Städten der Verkehr nur mit einer durchschnittlichen Geschwindigkeit von rund 20 Stundenkilometern – eine Folter für ein flottes Bike. Bewegen Sie Ihr Rennrad also raus aus der Stadt und stellen Sie es anschließend in den trockenen und sicheren Stall. Denn schließlich wird ein solch teures Gefährt leider besonders gern geklaut.

E-BIKE

Landläufig spricht man von E-Bikes (Elektrorädern), wenn von Fahrrädern mit einem zusätzlichen Motor die Rede ist. Tatsächlich unterscheidet man hier jedoch in zwei Gruppen: Das Pedelec verfügt über einen Hilfsmotor. Dieser kann zugeschaltet werden, der Fahrer muss jedoch weiterhin in die Pedalen treten. Hört er auf, sich zu bewegen, oder erreicht die Geschwindigkeitsgrenze von 25 Kilometer pro Stunde, schaltet sich der Motor automatisch ab. Pedelecs gelten als Fahrräder, dürfen (und müssen bei entsprechender Anordnung) auf dem Radweg gefahren werden. Eine Ausnahme bilden die S-Pedelecs. Diese schalten den Zusatzmotor erst bei einer

Geschwindigkeit von 45 km/h ab. Rechtlich werden sie deshalb genauso behandelt wie E-Bikes: Letztere verfügen über separate Motoren, nur wer zusätzlich auch Pedalieren möchte, kann dieses tun. E-Bikes gelten nicht als Fahrräder, sondern als Kleinkraftfahrzeuge. Man benötigt eine entsprechende Versicherungsplakette und muss einen Helm tragen. Da sich dieses Buch um das Fahrrad dreht, werden wir uns im Folgenden auf die Pedelecs konzentrieren.

Während das Pedelec in seinen ersten Jahren noch ein Image als Rehamodul und Alte-Leute-Schaukel innehatte, hat sich die Wahrnehmung inzwischen stark verändert: So wurden allein im Jahr 2013 in Deutschland 410 000 Elektrofahrräder verkauft, was einem Marktanteil von elf Prozent entspricht. Tendenz: steigend. Für wen sich letztlich die Anschaffung eines solchen doch recht kostspieligen Fahrrads lohnt, hängt von den individuellen Wünschen ab: So liegt die durchschnittlich in Deutschland per Pkw zurückgelegte Distanz bei vierzehn Kilometern pro Fahrt. Eine Strecke, die sich mit einem Pedelec problemlos meistern lässt – und das ohne anschließend einen Parkplatz suchen zu müssen. Tatsächlich bewegt sich der Fahrer unterwegs, tut so etwas für Gesundheit und Fitness – und spart gegenüber einer Fahrt mit dem Auto Geld. Auch für Menschen, die körperlich eingeschränkt sind, in einer bergigen Gegend wohnen oder mit einem Partner unterwegs sind, der deutlich zügiger fahren möchte, kann sich ein Pedelec lohnen.

Wenig Sinn ergibt ein Hilfsmotor dagegen für Menschen, die ohnehin flott und entspannt mit dem Rad unterwegs sind – und nun lediglich zusätzliches Gewicht auf der Straße und über die Kellertreppe schleppen müssten. Auch unsichere Fahrer sollten sich einen Kauf gut überlegen: Schließlich erleichtert ein Pedelec nur schnelles, deshalb aber noch lange nicht besseres Radfahren. Hier böte sich zunächst in jedem Fall ein Fahrsicherheitstraining an.

Vom Profi spielen zur Selbsterkenntnis oder: Wer will eigentlich 28 Gänge?

Ich kann radeln wie Jens Voigt – aber immer nur *zur* Arbeit. Zurück heißt es U-Bahn nehmen, weil das Ding schon wieder geklaut ist. Was für ein Rad brauche ich überhaupt?

Während wir oben schon die gängigen Radtypen vorgestellt haben, können Sie hier schauen, welchem Fahrermodell Sie selbst entsprechen. Wollen Sie unterwegs Ihre Kinder sicher verstauen, mögliche Vorteile des Alltagsradelns kennen lernen, mit dem Rad auf große Tour gehen oder doch vor allem ein trainierter Sportler werden?

Durchschnittlich zurückgelegte Strecke

Ein durchschnittlicher Berliner erledigt täglich drei Wege und legt dabei insgesamt 20,2 Kilometer zurück – zumindest mit einem Pedelec für jeden bequem per Rad zu schaffen!

Die durchschnittliche Geschwindigkeit des motorisierten Individualverkehrs innerhalb geschlossener Ortschaften beträgt rund 20 km/h. Das schafft mancher Radfahrer auch! Und die durchschnittlich zurückgelegte Wegstrecke deutschlandweit liegt bei 14 Kilometer – gehen Sie die auf dem Rad an, und eine Grundfitness ist Ihnen sicher!

FAMILIENFAHRER

Experteninterview
FROSCHHUPE UND PUPPENSITZ

Petra Gute, Jahrgang 1966, ist Autorin bei verschiedenen ARD-Sendungen. Vor der Kamera arbeitet sie vor allem als Live-Reporterin der »Abendschau« des rbb und seit September 2007 als Moderatorin des rbb-Kulturmagazins »Stilbruch«.

▶ *Die Skeptikerfrage gleich zuerst: Ist Radeln für Kinder in der Stadt nicht zu gefährlich?*

Ich selbst liebe Fahrradfahren sehr. Noch am Tag vor der Geburt bin ich mit dem Rad unterwegs gewesen! Anfangs mit dem Mountainbike, dann wegen des großen Bauches schön aufrecht auf einem Hollandrad. Ich wollte so früh wie möglich diese Freude an der Bewegung mit Marie teilen.

Für Eltern, die gern spazieren gehen, ist es zudem ein Segen, wenn ihre Kinder das Radfahren lernen. Schließlich kommt man mit einem Kind zwischen zwei und vier Jahren kaum vom Fleck. Sitzen die dann erst auf ihren Laufrädern, sieht es schnell ganz anders aus. Kinder lernen so auch das Radfahren sehr schnell. Wir hatten früher ja nur Stützräder, da dauerte es, bis man endlich richtig fahren konnte. Ich bin bei uns lange im Hof im Kreis gefahren, meine Eltern immer hinterher, um mich zur Not aufzufangen. Bei Marie war das ganz anders. Sie hat mit drei Jahren ihr erstes Rad bekommen und legte sofort los.

▶ *Welche Strecken fahren Sie denn zusammen?*

Wir fahren zur Kita, zum Einkaufen und unternehmen manchmal kleine Radtouren.

△ Marie und Petra Gute.

Am besten sind Parkstrecken, wo Kinder richtig lossausen können und dürfen! Das ist leider nicht überall erlaubt: Im Babelsberger Schlosspark zum Beispiel dürfen selbst ältere Kinder von acht und neun Jahren auf Nebenstrecken nicht mehr radeln. Dabei müssen sie doch irgendwo die Chance haben, sich mal auszuprobieren. Gut ist deshalb eine Strecke wie hier in Moabit an der Spree entlang. Dort fahren keine Autos und zum Fluss hin stehen oft Büsche, sodass die Kinder auch nicht so schnell hineinfallen können. Mir gefallen diese Flusswege in Berlin überhaupt sehr gut, da es dort keine Ampeln und keine

Autos gibt. Auf meinem täglichen Weg zum Sender fahre ich dort auch entlang und habe mir schon viele Moderationen unterwegs ausgedacht. Auf dem Rückweg von der Arbeit ist Radeln dann schön, um sich wieder zu entspannen. Im Auto ginge das nicht, wenn man von Ampel zu Ampel vorwärts schleicht und angehupt wird, sobald man nicht schnell genug losfährt.

Die Spreewege fahre ich auch gern, nicht zuletzt, weil sie breit genug sind, um Fußgängern und Radlern mit verschiedenen Geschwindigkeiten genug Platz zu bieten.

▶ *Was wären denn Verbesserungen für eine kinderfreundlichere Fahrradstadt?*

Auf langen Strecken nehme ich Marie immer noch im Kindersitz mit. Auf den Straßen mit Kopfsteinpflaster würde ich manchmal gern den Bürgersteig nutzen, werde dann aber von der Polizei auf die Fahrbahn verwiesen. Die sollten auch mal mit einem Kleinkind über Kopfsteinpflaster fahren, um zu spüren, wie sich das anfühlt!

▶ *Ja, bei Kopfsteinpflasterfahrten fühlt man auch als Erwachsener gelegentlich das Gehirn gegen die Schädeldecke schlagen. Wenn Ihre Tochter auf dem eigenen Rad fährt, darf sie den Bürgersteig nutzen.*

Das Problem sind dann die Autofahrer, die aus den Ausfahrten herausschießen, ohne zu gucken. Ich selbst bin so schon einmal verunglückt. Ich versuche immer, vor Marie zu fahren, was eigentlich verboten ist. Viele Fußgänger handeln ähnlich fahrlässig. Für Kinder sind diese Slalomsituationen noch schwer zu meistern. Ich würde mir mehr Rücksicht wünschen!

Radfahren macht Kinder mobil. Wie es viel zur Emanzipation der Frau beigetragen hat, die dank des Rades endlich den engen Käfig aus Ehe und Familie verlassen konnte (siehe Kapitel 1.3), so sorgt das Rad auch bei jedem Kind dafür, dass es eigene Freiheiten gewinnt. Und die Familie als Ganzes wieder in Schwung bringt. Denn schließlich kennen Eltern zu gut die einstündigen Spaziergänge mit einem Kleinkind – bei denen man sich jedoch nie weiter als 150 Meter von der eigenen Haustür entfernt, weil es unterwegs so viel zu entdecken gilt! Das Fahrrad bringt hier gleich einen ganz anderen Radius ins Spiel.

Dabei heißt es, eine Entscheidung zu treffen: Kindersitz, Fahrradanhänger oder Lastenrad? Alle Varianten haben Vor- wie Nachteile:

Vorteil Kindersitz: Er ist die preiswerteste und leichteste Variante. Hier muss der tretende Erwachsene nur das Extragewicht des Kindes selbst und ein paar wenige Kilo für den Sitz an der nächsten Steigung meistern. Zudem ist ein Gespräch mit dem Kind während der Fahrt möglich.

Nachteil Kindersitz: Das Kind sieht von der Fahrt meist nicht mehr als den Rücken des Erwachsenen. Zugleich ist der Gepäckträger blockiert – einen Einkauf nach Hause zu transportieren, wird zur kniffligen Packaufgabe. Auf jeden Fall sollte jeder, der sich für die Variante Kindersitz entscheidet, auf einen stabilen Zweibeinständer setzen: Schließlich passieren die meisten Unfälle mit Kind auf dem Rad vor und kurz nach dem Start der Fahrt, da schon eine einzige ruckartige Bewegung des Nachwuchses das Velo aus dem Gleichgewicht und zum Sturz bringen kann.

Vorteil Radanhänger: Man muss ihn nur nutzen, wenn er auch wirklich gebraucht

wird. Wer sein Kind zum Beispiel morgens zur Kita bringt, kann mit dem Nachwuchs auch gleich den Anhänger vom Rad nehmen – und die weitere Fahrt zur Arbeit bequem und ohne zusätzliches Gewicht absolvieren. Bei der gemeinsamen Fahrt kippt der Anhänger zudem nur schwerlich um – auch wenn das Fahrrad selbst kippt, bringt es den Anhang nicht aus dem Gleichgewicht. Zudem kann ein solcher Anhänger oft ganz den Kinderwagen ersetzen – schließlich kann man ihn auch selbst von Hand schieben oder bei einer Joggingtour vor sich her rollen. Manche Modelle verfügen zudem über eine integrierte Babytragetasche, sodass man sein Kind nach beendeter Fahrt nicht wecken muss. Auch die Verletzungsgefahr für das Kind ist in einem Anhänger geringer als beim Transport im Kindersitz. So wurde im Verlaufe von Tests bei einem Zusammenstoß mit einem Auto der Anhänger vor dem Pkw her geschoben und nicht überrollt.

Nachteil Radanhänger: Die meisten Modelle sind im Vergleich zu Kindersitzen deutlich teurer. Gerade, wer auf gute Federung Wert legt und sein Kind nicht jedem Schlagloch ungeschützt aussetzen will, der muss mit einer Investition von mindestens 450 Euro rechnen. Während der Fahrt können sich Anhänger durch die größere Länge und das zusätzliche Gewicht zudem beschwerlich anfühlen – und gelegentlich an der Infrastruktur verzweifeln lassen. So sind bis heute viele der eigentlich gegen Autofahrer gedachten Durchfahrtsperren auch für Räder mit Anhänger nicht oder nur mit großen Mühen passierbar.

Vorteil Lastenrad: Es lässt sich vielfältig verwenden, notfalls auch für den Sofakauf. Wie beim Kindersitz auch ist die direkte

Kommunikation mit dem Kind während der Fahrt möglich. Im Vergleich zum Anhänger sind Lastenräder zudem kürzer und damit wendiger.

Nachteil Lastenrad: Preis, Gewicht – und oft auch Sicherheit. Viele Lastenräder bieten keine Anschnallgurte für Kinder, bei einem Unfall schleudert es Ihre Liebsten also ungeschützt in den Straßenverkehr. Anders als bei Anhänger und Kindersitz muss beim Lastenrad zudem immer das zusätzliche Gewicht bewegt werden – auch wenn es eigentlich nur zum Einkauf beim Bäcker gehen soll.

Etwa ab dem Alter von zwei Jahren dann kann das Kind die Begeisterung für das selbstbestimmte Rollen entdecken: Brachten früher Stützräder Kinder eher aus dem Gleichgewicht, als dieses zu fördern, dienen nun Laufräder als ideale Vorbereitung für das erste eigene Fahrrad. Meist können Kinder so beim Umstieg schon nach wenigen Tagen Radfahren – und sind hoch erfreut über den nun noch größeren Radius, den es zu erkunden gilt. Ebenfalls eine gute Vorbereitung für das Radfahren sind Tretroller – schließlich werden auch hier Koordination und Gleichgewichtssinn trainiert.

Geübt werden kann dann zum Beispiel an einem Sonntag auf einem breiten Supermarktparkplatz, auf einem asphaltierten Weg im Park oder einer Freifläche in einer Siedlung. Und schon bald ist der gemeinsame kleine Ausflug auf getrennten Rädern möglich!

ALLTAGSBEGLEITER

Experteninterview
MEIN BESTER FEIND

Renate Buffaloe ist seit 2002 als Fachpsychologin für Verkehrspsychologie und verkehrspsychologische Beraterin tätig, sie hat Praxen in Berlin und Baruth. Buffaloe bereitet Menschen auf die MPU vor. Die Medizinisch-Psychologische Untersuchung (abgekürzt: MPU) beurteilt die Fahreignung des Antragstellers. Im Volksmund als »Idiotentest« bezeichnet, lautet die gesetzliche Bezeichnung »Begutachtung der Fahreignung«.

△ Renate Buffaloe.

▶ *Frau Buffaloe, Sie erleben in Ihrer Praxis täglich Menschen, die mit dem Auto zur Gefahr für andere Verkehrsteilnehmer wurden. Wie kommt es, dass in den Medien dennoch bevorzugt von rüpelhaften Radlern die Rede ist?*

Zunächst einmal: Ich betreue ab und an auch Radfahrer, die zur MPU müssen. Vielen Menschen ist ja gar nicht bewusst, dass sie nicht über 1,6 Promille Alkohol im Blut haben dürfen – selbst wenn sie mit einem Ochsenkarren am Straßenverkehr teilnehmen! Der Unterschied ist nur, dass einem Autofahrer an Ort und Stelle der Führerschein abgenommen wird. Der Radfahrer hat die Chance, sich bei der MPU zu beweisen und die Fahrerlaubnis zu behalten. Aber Sie haben natürlich recht, die meisten meiner Klienten sind Autofahrer, die ihren Führerschein, sprich: Waffenschein wiederhaben möchten. Immerhin 55 Prozent aller zu so einer Prüfung verpflichteten Pkw-Fahrer haben ein Problem mit Alkohol, weitere 20 Prozent mit anderen Drogen oder Medikamenten. Natürlich wird ein Auto mit so einem Fahrer schnell auch für alle andere eine Gefahr.

▶ *Wobei der von einem Radfahrer getötete Fußgänger doch eher die Ausnahme ist, die Mehrheit jedoch Opfer eines Autos sind.*

Ja, natürlich. Und dennoch: Radfahrer hatten bis vor einigen Jahren das Image des ruhigen, zurückhaltenden Ökos. Inzwischen jedoch hat wohl jeder schon mal ein Erlebnis mit einem auf der falschen Seite heranrasenden Radler gehabt. Wenn die sich dann noch entschuldigten, ginge das ja noch – tatsächlich herrscht auf den Berliner Straßen aber inzwischen eher das Gefühl, dass jeder des anderen Feind ist. Ich selbst fahre daheim in Brandenburg zum Beispiel sehr gern Rad – hier in der Stadt würde ich es mich aber nie trauen, ich fühle mich viel zu unsicher in dieser Fülle von Menschen, Autos, Hunden und Rädern. Auch die Lkw-Dichte hat zugenommen, sodass man im Auto ständig hinter so einem rollenden Haus herfährt und viele Schilder erst zu spät erkennt. Das Gefühl von Enge, das ewige Licht, der Lärm, die Menschenmengen nehmen zu und sind Auslöser für Stress. Hinzu kommt, dass die vielen Regeln im Verkehr einen autonomen Menschen, der es vielleicht sonst im Leben gewohnt ist, eigenständige Entscheidungen zu treffen, reaktant werden lassen können: Er reagiert mit Abwehr gegen die starken Einschränkungen, die oftmals nicht unbedingt etwas mit Verkehrssicherheit gemein haben. So stehen zum Beispiel immer wieder Blitzer an Orten, wo sich gut Geld verdienen lässt, gefährliche Stellen bleiben hingegen unkontrolliert. Diese übergroße, oftmals schwer nachvollziehbare Gängelung führt dann bei manchem Verkehrsteilnehmer zur Eigenmaßstäblichkeit – man legt selbst fest, was einem als richtig erscheint.

▶ *Ist das nicht zum Teil widersinnig? Regeln werden doch gerade für den Fall aufgestellt, dass im Zusammenleben gegensätzliche Interessen aufeinandertreffen.*

Wir haben aber keine Einzelfallgerechtigkeit. Und wenn Sie zum Beispiel nachts über eine rote Ampel fahren, wo weit und breit niemand zu sehen ist, besteht zudem die Gefahr, sich darauf zu trainieren, dass über eine rote Ampel zu fahren möglich ist. Dann wiederholen Sie es auch bei Tage, die Situationen werden immer gefährlicher ...

▶ *Tatsächlich verunglücken die allerwenigsten Radler bei Rotlichtverstößen, gefährdet sind statistisch gesehen hingegen gerade die, die sich auf der sicheren Seite, dem Radweg, sehen – und dort von rechts abbiegenden Pkw überrollt werden. Aber wir wollen hier ja nicht dem Regelverstoß die Ehre geben, sondern fragen: Wie könnten wir die angespannte Situation verbessern?*

Ich denke, *shared space* ist eine gute Variante, weil sie die Verkehrsteilnehmer wieder in Kommunikation bringt. Wenn niemand sich auf seinen angestammten Platz berufen kann und glaubt, diesen verteidigen zu müssen, sondern stattdessen auf die Wege und Bedürfnisse des anderen achtet, führt das ganz automatisch zu mehr Rücksichtnahme. Und in der sehe ich den Schlüssel zu einer entspannteren Straßenverkehrslage. Der andere darf nicht mehr als Feind gesehen werden, der mir etwas streitig machen will, sondern als Partner. Solange wir diese *shared-space*-Zonen hier in Berlin noch nicht haben, halte ich es mit Richard David Precht, der gesagt hat, »Moral ist ansteckend«. Wir sollten uns selbst dazu erziehen, uns vorbildlich zu verhalten, egal mit welchem Verkehrsmittel wir unterwegs sind.

▶ *Ihre Klienten müssen zumindest übergangsweise das Auto stehen lassen. Steigen einige von ihnen dann auf das Rad um?*

Ja, das gibt es oft! Und viele genießen das Radeln dann sogar, stellen fest, dass sie in der Stadt damit häufig schneller unterwegs sind, zudem die Parkplatzsuche und der Stress im Stau wegfallen. Ausdauersport überhaupt ist ja eine gute Möglichkeit, um Stress abzubauen – und wirkt in diesem Falle doppelt: Anstatt sich neuen zu schaffen, wird alter aus anderen Lebensbereichen herausgetreten. ∎

Am bequemsten ist Radfahren sicher im Alltag: Man kann Sport treiben, ohne zusätzliche Zeit aufbringen zu müssen, braucht keine spezielle Bekleidung, sucht keinen Parkplatz, steht nicht im Stau – und spart sogar noch Geld. Nicht nur, weil Benzin- und Versicherungskosten entfallen: Wer im Alltag mit dem Rad unterwegs ist und angestellt – der kann inzwischen mit seiner Pedalierfreude sogar Steuern sparen, denn Audi A6, Mercedes S-Klasse und 5er BMW war gestern. Heute fährt der Mitarbeiter, der etwas auf sich hält – und von dem etwas gehalten wird – Dienstrad. Die Unternehmen unterstützen den Trend, schließlich spart ein Radfahrer ihnen Geld.

Seit Ende 2012 sind Diensträder den Dienstwagen gleichgestellt, was bei Weitem noch nicht jeder Arbeitnehmer weiß. Zuvor durften Unternehmen ihren Mitarbeitern zwar bereits Diensträder zur Verfügung stellen – allerdings nur für Geschäftsfahrten. Den Weg nach Hause durfte das Gefährt nicht mit antreten. Die neue Chance zum Dienstrad nutzen inzwischen diverse Großkonzerne von Allianz über Telekom bis Bayer. Zwangsweise entscheiden zwischen Dienstrad und -auto muss sich niemand, solange der Arbeitgeber beide Varianten finanziell unterstützt.

Wer als normaler Angestellter bislang keine Chance sah, an ein teures Pedelec oder Rennrad aus Carbon heranzukommen, dem kann die neue Regelung nun eine Tür öffnen: So werden bei der Dienstradregelung zum einen dem Arbeitgeber meist bei den Fahrradvertrieben Sonderkonditionen gewährt. Zum anderen werden dem Mitarbeiter, so er einen Leasingvertrag wählt, die Raten für die Räder direkt von seinem Bruttoeinkommen abgezogen. Somit werden weniger Steuern und Sozialabgaben auf das verbliebene Gehalt fällig. Lediglich die Ein-Prozent-Regelung muss mit einkalkuliert werden: Jeden Monat muss ein Prozent des Fahrrad-Listenpreises als geldwerter Vorteil versteuert werden. Auf der anderen Seite kann ein Dienstradfahrer pauschal 0,30 Cent pro Kilometer seines Weges zur Arbeit in der Steuererklärung geltend machen.

Nach drei Jahren kann das Leasingrad entweder für zehn Prozent des ursprünglichen Listenpreises übernommen werden – oder ein weiteres Rad geleast werden. Zusammengerechnet kann ein Angestellter etwa 30 bis 50 Prozent beim Kauf eines Rades sparen, wenn er diese Variante wählt. Das Dienstrad lohnt sich!

Ein Angestellter mit einem Bruttogehalt von 3000 € sucht sich ein Rad für 2000 € aus. 65 € werden von seinem Gehalt monatlich für Leasingrate und Versicherung abgezogen. 2935 € plus 20 € geldwerter Vorteil verbleiben. Das versteuerbare Einkommen beträgt also nur 2955 €. Somit zahlt er 22 € weniger Steuern und Sozialabgaben als auf das Ursprungsgehalt. Die realen Kosten des Radleasings betragen für ihn also lediglich 43 €. In drei Jahren sind das 1548 €. Rechnet man nun die 200 € Restwert hinzu, erhält der Arbeitnehmer ein Rad im Wert von 2000 € für 1748 € und genießt zusätzlich noch Versicherungsschutz, der ihm drei Jahre lang alle Verschleißteile und Reparaturen ersetzt. Und auch der Arbeitgeber hat gespart: 300 € Sozialabgaben.

Für welches Rad man sich schließlich als Alltagsradfahrer entscheidet, hängt mit den Ansprüchen der Umgebungssituation zusammen: Während in bergigen Gegenden oder bei langen Arbeitswegen oftmals ein Pedelec eine sinnvolle Alternative bietet, tut es in flachen Städten meist ein City- oder Trekkingbike. Wobei sich inzwischen viele Menschen auch aufgrund der gefälligeren Optik selbst bei Alltagswegen für ein Mountainbike entscheiden. Letzten Endes kommt es also auf die eigene Prioritätensetzung an: Möchte ich eine praktische Variante fahren, die etwa mit Radständer und Gepäckträger daher kommt, oder vor allem leicht und wendig unterwegs sein? Mit welchem Rad Sie sich schlussendlich wirklich wohl fühlen, kann nur ein Selbsttest herausfinden!

REISERADLER

Wenn einer eine Reise tut, wählt er dafür, wie der Name schon sagt, zumeist ein Reiserad (Trekkingbike) – und sollte sich anschließend nicht zu viel Gepäck aufhalsen! Das jedenfalls ist Fehler Nummer eins der meisten Menschen, die sich auf das eigentlich befreiende Gefühl einer Radreise einlassen: Zwar kann man mit dem Rad überall und jederzeit Rast machen, man kann auch engste Wege befahren und dennoch deutlich weitere Strecken zurücklegen, als es einem Wanderer möglich ist – zugleich ziehen sich die meisten Tourenfahrer jedoch den Hemmschuh überladener Packtaschen und Rucksäcke an. Wie sollte es auch anders sein – erkennt man den gemeinen Deutschen doch ohnehin oftmals an seiner für Himalaja-Touren entwickelten Bergsteigerjacke, obgleich er eigentlich nur an einem gewöhnlichen Herbsttag zum Bäcker um die Ecke will. Indes, zwischen gut ausgerüstet und für alle Eventualitäten vorbereitet auf der einen Seite, und lästig überladen auf der anderen Seite ist es oftmals nur ein

△ *Nicht überall sind Radfahrer bestens aufgehoben.*

schmaler Grat. Ob man den überschritten hat, lässt sich mit einem einfachen Test leicht feststellen: Wer sein Rad samt Extrataschen nicht mehr allein hochheben kann, muss abspecken!

Wer also eine lange Reise plant, tut gut daran, zur Vorbereitung zumindest eine verlängerte Wochenendtour zu unternehmen. Hier kann man auch gleich ein sinnvolles Packsystem üben: Das Gewicht gleichmäßig auf beide Seiten verteilen, Schweres zu unterst und Dinge, die jederzeit griffbereit sein sollen, wie etwa der Fotoapparat oder Müsliriegel, nach oben.

Auch wenn nicht jede Tour die Donau entlang mit professionellem Überlebensgepäck gestartet werden muss – empfehlenswert sind in jedem Fall wasserdichte Packtaschen fürs Fahrrad. Diese sind nicht nur praktisch zu befestigen (bei den meisten Reiserädern nicht nur hinten, sondern auch mit sogenannten Lowrider-Gepäckträgern am Vorderrad), sondern schützen vor dem größten Freudenkiller: klamme Klamotten.

Wer einmal sein Zelt aufgebaut hat, um anschließend in den nassen Schlafsack zu steigen und sich morgens auf ein Set nasser Unterwäsche zu freuen, der startet nie wieder ohne! Bis zu 20 Liter fassen moderne Modelle und verfügen zudem oftmals noch zusätzlich über Reflektoren, die eine Fahrt während der Nacht noch sicherer machen.

Im Übrigen bestimmen natürlich Jahreszeit, Infrastruktur und klimatische Begebenheiten den Inhalt des Reisegepäcks. Wer in Europa von Herberge zu Herberge radelt und sich sein Gepäck nachschicken lässt, braucht andere Utensilien als ein Weltenbummler, der sich eine Andenüberquerung zum Ziel gesetzt hat. Im letzteren Fall sollte man sich gegebenenfalls auch um ein speziell verstärktes Tourenrad bemühen, da die meisten Fahrräder nur für ein Gesamtgewicht von 120 Kilogramm zugelassen sind. Wiegt der Fahrer in voller Montur schon allein mehr als 90 Kilogramm, ist diese Grenze bei einer kompletten Ausrüstung vom Zelt bis zum Campingkocher schnell überschritten.

EXPERTENINTERVIEW

Gunnar Fehlau ist in Theorie und Praxis getesteter Radfahrer: Der 42-Jährige leitet den Branchen-Informationsdienst »Pressedienst Fahrrad«, ist Autor diverser Fachbücher und gestählter Radreisender. Ob minus 30 Grad oder auf einer Route über karge Berggipfel: Mr. Fahrrad haut nichts aus dem Sattel. Der ideale Tippgeber rund ums Thema Radreisen:

▶ *Wie bist du aufs Rad gekommen?*
Ich habe erst recht spät flüssig Radfahren gelernt, das war kurz vor der Einschulung. Danach folgten erst Ausflüge und dann Radreisen in den Sommerferien mit der Familie. Ab zehn Jahren etwa war das Fahrrad der Weg zur Freiheit und Unabhängigkeit von Eltern und Fahrgemeinschaften.

▶ *Was ist das Schöne am Reisen per Rad?*
Zwei Aspekte gibt es da für mich: zum einen, dass Fahrgeschwindigkeit und Wahrnehmungstempo beim Radreisen perfekt zusammenpassen. Zum anderen bedeutet Radfahren für mich das freie Bewegen durch Zeit und Raum aus mir selbst heraus. Auf Radtouren gibt es nur »Me, myself and I« ... Die Zeit auf der Rad ist pure »Ich-Zeit« als Kontrast zum Alltag voller Verpflichtungen und Abhängigkeiten.

▶ *Und was nervt?*
Nichts! Okay, bisweilen andere Verkehrsteilnehmer, Regen oder Gegenwind.

▶ *Sind Mitfahrer willkommene Unterstützung oder können sie auch zum lästigen Übel werden?*
Beides! Eines steht fest: Ich achte verstärkt darauf, mit wem ich auf eine Tour gehe. Je sportiver oder extremer die Fahrten sind, desto sensibler ist die Partnerwahl.

▶ *Welches Gepäck ist ein Radreisen-Muss?*
Willson, ein kleines Kuscheltier, das ich stets dabei habe. Ich finde nichts wirklich zwingend ... kommt aufs Ziel und die Tagesstimmung an. Ich glaube, ohne Reparaturset und ein paar Euro in bar sollte man nicht losfahren, und – sofern Netzabdeckung gewährleistet ist – auch ein Handy kann sehr nützlich sein.

▶ *Und was wird häufig mitgeschleppt, ist aber überflüssig?*
Mmmmh, das ist fast eine Fangfrage ... Ich habe festgestellt, dass ich abgesehen von der An- und Abreise eigentlich abseits einer Daunenjacke keine »Ausgehkleidung« benötige, sondern nur Radklamotten dabei habe. Wer jedoch mehr Kulturprogramm und weniger Kilometer in der Tagesplanung hat, der sollte diesen Tipp ignorieren.

▶ *Wie verändern sich Menschen durch eine Radreise?*
Ich kann das nur für mich sagen: Radreisen zeigen einem, wie unwichtig man in dieser ganzen großen Welt ist. Radreisen zeigen, wie schön die Natur und wie verzichtbar die Menschheit ist. Wenn man nach Hause und ins Büro zurückkommt und feststellt, dass die zivilisatorische Welt sich auch ohne einen selbst weiterdreht, dann ist dies ein Moment, der die Prioritäten wieder richtig setzt.

▶ *Man spricht gern über Grenzerfahrungen - was, wenn ein Radfahrer seine Grenzen kennenlernt und feststellen muss, dass sein Ziel auf der anderen Seite liegt?*
Dann hat er eine der wichtigsten Lehren

des irdischen Seins auf dem Weg zu sich selbst gelernt. Sich von seinem eigenen Genialitätsanspruch zu trennen und die eigene Unzulänglichkeit im Vergleich zur Kraft der Natur zu akzeptieren, kann sehr befreiend sein.

▶ *Welche deiner Reisen hat dich am meisten beeindruckt?*
Hitlisten sind mies ... Es gibt den einen Favoriten nicht. Meine letzte beeindruckende Erfahrung war die Dekonstruktion der Idee, mit dem Rad zu pilgern, aber das funktioniert aus meiner Sicht überhaupt nicht. Dennoch waren es wunderschöne 700 Kilometer durchs herbstliche Portugal und Spanien.

▶ *Und welche Tour möchtest du gern empfehlen?*
Die nächste (lacht)! In diesem Mai geht es mit dem MTB eine Woche durch die Toskana. Jedem seine Ziele, deshalb gilt die Empfehlung nur für mich! ■

LEISTUNGSSPORTLER

Radfahren steigert die Ausdauer, trainiert die Muskeln, fördert die Koordination, senkt den Blutdruck, treibt den Stoffwechsel an und entspannt die Psyche. Die Idee, aus der Nutzung des Velozipeds einen Sport zu machen, war somit naheliegend. Und wo der Sport beginnt, ist der Wettkampf nicht fern. Wo das erste Radrennen der Geschichte ausgetragen wurde, ist heute nicht mehr festzustellen. Bekannt sind die ersten beiden Pariser Rennen über jeweils 1200 Meter. Am 31. Mai 1868 zogen sie Tausende Schaulustige in den Saint-Cloud-Park. Das Rad war damals erst seit wenigen Jahren als Verkehrsmittel in der Hauptstadt bekannt und ein Rennen dementsprechend eine echte Sensation. Etwa zweieinhalb Minuten brauchten die Sieger, was einer Geschwindigkeit von immerhin knapp 30 Stundenkilometern entsprach. Sieger des zweiten Rennens war der Engländer James Moore, der in den folgenden Jahren so viele Wettkämpfe gewinnen sollte, dass ihm posthum auch der Sieg im ersten Durchlauf angedichtet wurde. So kann man heute noch eine Plakette des Touring Clubs de France am Zaun des Parks finden, auf der zu lesen ist: »Am 31. Mai 1868 wurde James Moore im Park Saint-Cloud zum Gewinner des ersten Geschwindigkeitsrennens für Veloziped, das in Frankreich veranstaltet wurde.« Was als Geschichtsschreibung geplant war, geriet so zum Grundstein der Radsportlegendenbildung.

Und diese wurden gerade zu Beginn auch gern tatkräftig von den Zuschauern mitgeformt. Anfang des 20. Jahrhunderts etwa warfen Zuschauer noch Nägel und Glassplitter auf die Fahrbahn – oder traktierten die Kontrahenten ihres Lieblings ohne Umschweife körperlich mit Fäusten und Knüppeln. Die Idee, durch ausgestreute Nägel den Rennverlauf zu beeinflussen, hatten nicht zuletzt auch die konkurrierenden Reifenhersteller Dunlop und Michelin, und auch die Kollegen Rennradsportler bedienten sich gelegentlich dieses Hilfsmittels, um Verfolger abzuschütteln. Zudem spiel-

ten bereits in den Kinderschuhen des Rennsports leistungsfördernde Substanzen eine gewisse Rolle, damals erfreuten sich Koffeinpräparate (legaler) Beliebtheit. So siegte 1889 etwa der Franzose Terront im 1200 Kilometer langen Rennen Paris–Brest und retour. Die Strecke wurde am Stück gefahren. Fast drei volle Tage war der Sieger unterwegs – und wurde mit einem Schlag zum berühmtesten Mann Frankreichs. Das Publikum war fasziniert und bestürzt zugleich, da Terront drei Tage und Nächte ohne zu schlafen durchgefahren war. Nach seinem Sieg brauchte er einen weiteren Tag, um endlich einschlummern zu können. Insofern hat sich auch das Sportpublikum nicht geändert, forderte und fordert man doch einerseits übermenschliche Leistungen, um andererseits verwundert und empört zu tun, wenn Sportler alles dafür geben und einnehmen, um diesen Anforderungen gerecht zu werden.

Aber Radsport kann zum Glück nicht nur als Zuschauer betrieben werden. Im Gegenteil. Falls Sie selbst Lust haben, fortan nicht nur Alltagswege mit dem Rad zu bestreiten, sondern die faszinierende Schnelligkeit eines Rennrades zu genießen oder mit dem Mountainbike durch die Natur zu streifen, dann finden Sie weiter hinten ideale Ansätze zum Durchstarten.

FAHRRADKAUF

Experteninterview
DER GOLDENE RADLER

Robert Bartko, 38, gebürtiger Brandenburger und zwischenzeitlich Berliner, war einer der erfolgreichsten deutschen Radsportler. Der Weltcup-Sieger, vierfache Weltmeister und Doppel-Olympiasieger über Radfahren als Symbol des Lebens, zu großen Ehrgeiz und die Bedeutung des Materials.

▶ *Bahnradfahren bedeutet, sich mit hoher Geschwindigkeit immer im Kreis zu drehen, bis es schließlich vorbei ist. Ein Sinnbild des Lebens?*

Könnte man so sagen. Wir drehen uns im Alltag ja auch oft im Kreis. Und auf der Bahn wie im Leben muss man die ganze Zeit das Renngeschehen beobachten, wissen, wann es sich lohnt zu attackieren, wann man Punkte sammeln kann ...

▶ *Nicht alle Radsportler sind groß und schlank wie Sie. Manche kommen auch eher bullig, also klein und mit unfassbar dicken Oberschenkeln daher.*

Das sind die Rad*besitzer*. Die trainieren fast die ganze Zeit nur im Kraftraum und können diese Energie dann nur für kurze Zeit zum Sprint auch aufs Rad bringen. Die großen und schlanken sind die richtigen Radfahrer.

▶ *Aus Ihnen ist ein echter Radler geworden – auf was für einem Rad sind Sie gestartet?*

Es war grün, sehr klein, hatte dicke Reifen und hieß »Blitz«. Wir haben viel Zeit zusammen verbracht, da ich früher Rad fahren konnte als laufen. So, wie andere Eltern die ersten Schuhe ihres Kindes aufbewahren, haben meine das Rad aufgehoben. Als ich dann 2000 Olympiasieger wurde, haben sie mir es am Flughafen zur Begrüßung geschenkt – und zuvor vergolden lassen.

◁ *Robert Bartko.*

▶ *Vom Blitz zum Champion. Können Sie Kindern und Jugendlichen empfehlen, sich für eine Radsportkarriere zu begeistern?*

Ich unterscheide zwischen Radsport und Profitum. Man muss bei einem Kind sehen, was ihm Spaß macht, dann entwickelt sich das von alleine. Wenn man bemerkt, dass man Talent und Erfolg hat, ist man motiviert und bleibt dran. Bewegung tut ja immer gut, egal in welchem Sport – ob daraus dann ein Beruf wird, ist eine andere Sache, da sollten Eltern nichts forcieren.

▶ *Sie selbst haben alles gewonnen, was man gewinnen kann. Gab es da nicht zwischendurch Motivationsprobleme?*

Mein Trainer hat immer gesagt, ›Weltmeister werden ist leicht, Weltmeister bleiben schwer.‹ Das Training zum Halten der Form beginnt schon am ersten Tag nach dem gewonnenen Wettkampf, da gibt es kein Ausruhen.

▶ *So einfach ist es doch nicht, Weltmeister zu werden: Der Nachwuchs rollt nicht ganz so schwungvoll daher. Wie kommt's?*

Das hat vor allem zwei Gründe. Zum einen gibt es immer weniger Menschen, die sich ehrenamtlich in Vereinen engagieren und beispielsweise Trainer werden. Zum anderen haben die Jugendlichen heute zu viele andere mögliche Freizeitbeschäftigungen, die nichts mit Bewegung zu tun haben. Auch deshalb engagiere ich mich im Vorstand des Brandenburgischen Radsportverbands. Ich hoffe zum einen, etwas zurückzugeben, da ich selbst ja viel von Sportstrukturen profitiert habe, und zum anderen unseren Sport nicht aussterben zu sehen. Derzeit hat es ja viel von lebenserhaltenden Maßnahmen, was dort so getrieben wird.

▶ *Wenn sich jemand nun fürs Rennradeln begeistert – welchen Einfluss auf Sieg und Niederlage hat das Material?*

Eigene Schwächen kann man damit nicht kompensieren. Aber wenn man selbst am Limit ist, dann kann es den entscheidenden Unterschied ausmachen. Heute gibt es auch viele Freizeitsportler, die sehr viel Geld für ihre Räder hinlegen, ich staune da immer, was da so über den Ladentisch geht, so viel würde ich nie für ein Rad ausgeben! Aber Technik und Design machen ja auch Spaß, der Sport wird attraktiver, wenn ich ein schönes, leichtes Rad habe.

▶ *Könnte ein enthusiastischer Freizeitradler auf einem Toprad mal in den Genuss kommen, Sie zu überholen?*

Das passiert dauernd! Wenn ich mich zum Beispiel in der Regenerationsphase befinde, halte ich mich auch an das entsprechende Tempo, da muss ich nicht jeden Radfahrer abschießen. Was nervt: Wenn man in einer Gruppe fahren will und die anderen immer denken, sie müssten meinetwegen besonders schnell fahren. Die fahren dann die ganze Zeit Vollgas, überfordern sich und fahren auch für mich zu schnell.

▶ *Und was verbindet den durchschnittlichen Alltagsradler mit einem passionierten Rennradler?*

Beide wünschen sich mehr Rechte für Radfahrer, mehr Respekt. Radfahrer gehören auf die Straße und dürfen Rücksicht von Autofahrern verlangen! Auch wenn der Pkw-Lenker vielleicht mal ein paar Sekunden langsamer fahren muss, weil sich gerade keine Chance zum Überholen bietet, sollte er es mit Fassung tragen! ■

ter darf die hintere Auflagefläche des Sattels sein.

Generell gilt aber bei der Wahl des Sattels: testen, testen, testen ... Auch wenn grob die passende Sattelform ermittelt wurde, so gibt es immer noch eine breite Palette zur Auswahl. Allerdings bringt ein sehr weicher Sattel mehr Probleme und weniger Komfort mit sich, als man zunächst vermuten würde. Auf der weichen Aufsitzfläche drückt das Gesäß bis auf die Sattelschale nach unten und hat nun Kontakt zu einem harten Untergrund, der nicht mehr flexibel ist. Ein Sattel mit höherer Grundfestigkeit passt sich dagegen besser an die Sitzfläche an und reagiert mit entsprechender Flexibilität und einem angenehmen Fahrgefühl.

Pedale

Selbst wenn es sich manchmal anders anfühlt: Gebaut ist der Mensch ursprünglich zum Laufen, nicht zum Radfahren. Auch die Füße freuen sich deshalb über etwas Unterstützung, um lange und kraftvoll in die Pedale treten zu können. Und so wundert es nicht, dass Pedal nicht gleich Pedal ist. Die auffälligste Entwicklung der vergangenen Jahre waren die Klicksysteme. Hierbei nutzt man einen speziellen Schuh, an dessen Unterseite sich eine Vorrichtung befindet, mit der er direkt in die Pedale »geklickt« werden kann. Neulinge des Systems erkennt man schnell an roten Ampeln, wenn sie sachte zur Seite kippen: Schließlich muss man sich erst einmal daran gewöhnen, vor dem Anhalten wenigstens einen Schuh aus der Vorrichtung zu ziehen. Spätestens nach dem zweiten Sturz ist die vorausschauende Fahrt jedoch erlernt, und der Vorteil der neuen Pedale offenbart sich: die ideale Kraftübertragung. So wird zum einen der Fuß gelenkschonend auf Ballenhöhe fixiert, zum anderen wird das Rad jetzt nicht mehr nur beim Herun-

▶ *Vom Blitz zum Champion. Können Sie Kindern und Jugendlichen empfehlen, sich für eine Radsportkarriere zu begeistern?*

Ich unterscheide zwischen Radsport und Profitum. Man muss bei einem Kind sehen, was ihm Spaß macht, dann entwickelt sich das von alleine. Wenn man bemerkt, dass man Talent und Erfolg hat, ist man motiviert und bleibt dran. Bewegung tut ja immer gut, egal in welchem Sport – ob daraus dann ein Beruf wird, ist eine andere Sache, da sollten Eltern nichts forcieren.

▶ *Sie selbst haben alles gewonnen, was man gewinnen kann. Gab es da nicht zwischendurch Motivationsprobleme?*

Mein Trainer hat immer gesagt, ›Weltmeister werden ist leicht, Weltmeister bleiben schwer.‹ Das Training zum Halten der Form beginnt schon am ersten Tag nach dem gewonnenen Wettkampf, da gibt es kein Ausruhen.

▶ *So einfach ist es doch nicht, Weltmeister zu werden: Der Nachwuchs rollt nicht ganz so schwungvoll daher. Wie kommt's?*

Das hat vor allem zwei Gründe. Zum einen gibt es immer weniger Menschen, die sich ehrenamtlich in Vereinen engagieren und beispielsweise Trainer werden. Zum anderen haben die Jugendlichen heute zu viele andere mögliche Freizeitbeschäftigungen, die nichts mit Bewegung zu tun haben. Auch deshalb engagiere ich mich im Vorstand des Brandenburgischen Radsportverbands. Ich hoffe zum einen, etwas zurückzugeben, da ich selbst ja viel von Sportstrukturen profitiert habe, und zum anderen unseren Sport nicht aussterben zu sehen. Derzeit hat es ja viel von lebenserhaltenden Maßnahmen, was dort so getrieben wird.

▶ *Wenn sich jemand nun fürs Rennradeln begeistert – welchen Einfluss auf Sieg und Niederlage hat das Material?*

Eigene Schwächen kann man damit nicht kompensieren. Aber wenn man selbst am Limit ist, dann kann es den entscheidenden Unterschied ausmachen. Heute gibt es auch viele Freizeitsportler, die sehr viel Geld für ihre Räder hinlegen, ich staune da immer, was da so über den Ladentisch geht, so viel würde ich nie für ein Rad ausgeben! Aber Technik und Design machen ja auch Spaß, der Sport wird attraktiver, wenn ich ein schönes, leichtes Rad habe.

▶ *Könnte ein enthusiastischer Freizeitradler auf einem Toprad mal in den Genuss kommen, Sie zu überholen?*

Das passiert dauernd! Wenn ich mich zum Beispiel in der Regenerationsphase befinde, halte ich mich auch an das entsprechende Tempo, da muss ich nicht jeden Radfahrer abschießen. Was nervt: Wenn man in einer Gruppe fahren will und die anderen immer denken, sie müssten meinetwegen besonders schnell fahren. Die fahren dann die ganze Zeit Vollgas, überfordern sich und fahren auch für mich zu schnell.

▶ *Und was verbindet den durchschnittlichen Alltagsradler mit einem passionierten Rennradler?*

Beide wünschen sich mehr Rechte für Radfahrer, mehr Respekt. Radfahrer gehören auf die Straße und dürfen Rücksicht von Autofahrern verlangen! Auch wenn der Pkw-Lenker vielleicht mal ein paar Sekunden langsamer fahren muss, weil sich gerade keine Chance zum Überholen bietet, sollte er es mit Fassung tragen! ∎

TIPPS FÜR DEN RADKAUF

Um als Laie nicht vom großen Angebot an Modellen und Marken erschlagen zu werden, empfiehlt es sich in jedem Fall, einen Fachhändler aufzusuchen. Hier wird man im Gegensatz zu Online-Shops meist kompetent beraten. Ein weiterer Vorteil ist, dass man vor dem Kauf die unterschiedlichen Räder auch anschauen, anfassen und vor allem Probe fahren kann. Schließlich ist das eigene Gefühl in diesem Zusammenhang zumeist ein guter, wenn nicht gar der beste Ratgeber! Hier zusammengefasst noch einmal, worauf Sie als Kunde sonst noch achten sollten:

1. Einsatzbereich klären

Wofür wollen Sie Ihr Rad nutzen: zum täglichen Weg zur Arbeit, zum Transport von Einkäufen, zum reinen Spaß am Fahren – oder für die große Tour im Urlaub? Wie im Rest des Lebens auch ist die Chance, zu bekommen, was man möchte, umso größer, je besser man weiß, was das eigentlich sein soll!

Schließlich stellt der geplante Einsatzbereich für das Rad nicht nur die Weichen in Richtung Radtyp (s. o.), sondern sagt auch einiges über die Ausstattung aus: Wer etwa durch die Berge fahren will, braucht eine ganz andere Schaltung als sie ein Alltagsmodell für die flache Großstadt hat. Aber nicht nur die Fahrweise, auch die Art der Unterbringung kann den Kauf beeinflussen: Wer etwa keine ebenerdige und sichere Abstellmöglichkeit zur Verfügung hat, wird sich die Anschaffung eines schweren E-Bikes sicher noch einmal durch den Kopf gehen lassen.

2. Budgetrahmen

Durchschnittlich werden in Deutschland derzeit etwa 500 Euro pro Radkauf ausgegeben. Hinter dieser Zahl verbergen sich jedoch auch diverse Baumarkt- und Discounterschnäppchen, die nach wenigen Kilometern meist die ersten Defekte aufweisen und innerhalb kürzester Zeit als Skulpturen des Alltagsverfalls Straßenlaternen und Zäune säumen. Wer ein Rad nutzen will, das länger Freude bereitet, sollte für eine Neuanschaffung möglichst mindestens 600 Euro berappen können. Bei E-Bikes steigt dieser Wert sogar auf 1500 Euro – schließlich kostet schon ein guter Akku mindestens 500 Euro. Auch andere Komponenten wie Bremsen, Rahmen und Federungselemente müssen aufgrund des größeren Gesamtgewichts höheren Anforderungen standhalten und sind deshalb teurer.

Eine Möglichkeit, nicht sofort eine große Summe auf den Tisch legen zu müssen, besteht darin, zunächst einen hochwertigen Rahmen mit einfachen Komponenten zu kaufen und diese nach und nach auszutauschen. Wem das zu aufwendig ist oder zu viel Grundwissen über die Vor- und Nachteile einzelner Bauteile voraussetzt, der kann auch auf ganze Komponenten verzichten: Statt einer Federung, die bei billigen Fahrrädern ohnehin meist nur geringen Qualitätsansprüchen entspricht, kann man auch auf breitere Bereifung setzen.

3. Zeit einplanen

Um einer guten Beratung und weisen Entscheidung überhaupt eine Chance zu geben, ist es sinnvoll, für den Radkauf Zeit einzuplanen – und seinen Besuch möglichst sogar vorher beim Radhändler anzukündigen, denn wenn es sich bei diesem um ein kleines Unternehmen mit wenigen Angestellten handelt, kann so besser eingeplant werden, dass ein Mitarbeiter auch wirklich die Ruhe für ein sachkundiges Gespräch aufbringen kann. An einem sonnigen Samstagvormittag im Frühling ist hingegen meist

nicht mit ungeteilter Aufmerksamkeit zu rechnen.

Ein Kriterium bei der Händlerauswahl kann neben der räumlichen Erreichbarkeit auch das Angebot einer Vermessung sein. Die perfekte Ergonomie von der Stange gibt es weder beim Anzug noch beim Fahrrad; ein individuelles Bikefitting (s. u.) ergibt stets Sinn. Auch die Auswahl eines passenden Rahmens sollte sich selbst bei in Serie produzierten Rädern nach den Körpermaßen des Käufers richten.

4. Ausrüstung mitnehmen

Wer mit seinem neuen Rad im kurzen Rock Richtung Büro fahren will, sollte diesen möglichst auch beim Kauf schon tragen – immerhin sitzt es sich damit anders auf dem Rad als in gemütlichen Shorts. Gleiches gilt natürlich auch für den Sportradkauf: Wer ohnehin später mit Radlerhosen fahren will, kann diese besser auch schon beim Probefahren tragen. Und auch wer gern mit einem bestimmten Rucksack unterwegs ist, seine Packtasche oder den Einkaufskorb am Rad befestigen möchte, bringt besser schon gleich zur Probefahrt alles mit. Enttäuschungen, weil der Fahrkomfort mit dem entsprechenden Equipment anschließend doch nicht so schön ist wie gedacht, lassen sich so vermeiden.

5. Probefahrt

Die erste Fahrt mit dem möglicherweise neuen Fahrrad sollte nicht nur einmal um den Block führen! Bei einem solchen »Speed dating« können Sie schließlich noch nichts über die langfristigen Qualitäten ihres neuen Partners sagen. Ideal ist hingegen, das Rad vor dem Kauf einen Tag oder über das Wochenende auszuleihen. Die meisten Händler lassen sich auf so ein längeres Kennenlernen ein – setzen aber natürlich eine sehr schonende und pflegliche Behandlung des Rades voraus. Manchmal erheben sie auch eine Leihgebühr, die bei einem anschließenden Kauf verrechnet wird.

Falls das Rad insgesamt überzeugt, aber ein paar Kleinigkeiten stören, ist meist eine Nachjustierung möglich. Ein Austausch des Sattels oder Lenkers etwa kann viel an Komfort und Haltung ändern!

Berührungspunkte – ein paar Bemerkungen zu Sätteln, Griffen und Pedalen

Ein echter Radfahrer hat Hand, Fuß und Popo. Mit allen drei (beziehungsweise fünf!) Körperteilen berührt und bewegt er sein Fahrrad. Damit Glücks- anstelle von Schmerzgefühlen freigesetzt werden, braucht es eine passende Ausstattung. So wie es früher schlicht »Turnschuhe« gab, heute aber Spezialanfertigungen für jede Ball-, Lauf- oder Querfeldeinsportart zur Verfügung stehen, so gibt es auch Sonderzubehör für die Nervenenden des Fahrradfahrers. Zum Glück, wie der folgende kurze Überblick zeigt.

SÄTTEL

Bis vor zehn bis 15 Jahren gab es mehr oder weniger nur eine Form, mit einem Fahrradsattel umzugehen: Akzeptanz. Man musste hinnehmen, was da war, und sich in der Problemlösung mittels Aussitzen üben. Dann brach die Zeit der wissenschaftlichen Studien an und brachte zumindest erst einmal zu Tage, was ohnehin die meisten Radfahrer wussten: Nach manch ausgedehnter Tour konnte die anschließende Biergarteneinkehr nur noch eingeschränkt genossen werden, da es sich nicht mehr schmerzfrei sitzen ließ.

Schließlich schiebt sich beim Hinsetzen der große Gesäßmuskel ein wenig zur Seite, fühlbar werden die Sitzbeinhöcker – und die sollten sachgemäß abgelegt werden, will man keine Schmerzen erleiden. Und tatsächlich drücken die Sitzbeinhöcker nicht bei jedem Radfahrer an gleicher Stelle gegen den Sattel, da die Beckenstellung individuell ist – bei dem einem aufrechter, bei dem anderen mehr nach vorn geneigt. Wie könnte es auch anders sein,

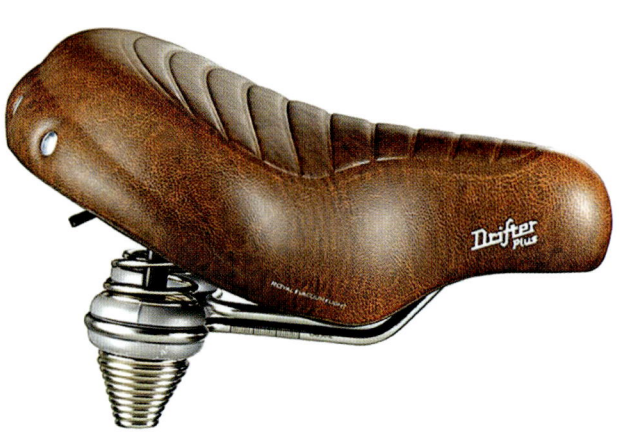

sind doch auch Beine und Arme nicht bei jedem gleich lang. Zudem unterscheiden sich Frauen und Männer. Die einen können Kinder bekommen, die anderen nicht. Kein Wunder, dass dies auch Auswirkungen auf die Anatomie hat: So stehen die Verdickungen des Beckens bei Männern oftmals einige Zentimeter näher zusammen als bei Frauen, die schließlich für den Fall der Fälle Platz für einen ganzen Säuglingskopf bieten müssen.

Heutzutage werden in gut geführten Fachgeschäften deshalb zunächst einmal die Hinterteile der Kaufwilligen vermessen. So können optimale Sattelbreite und -länge bestimmt werden, bevor ein Sitz über den Ladentisch geht. Generell gilt, dass sich die Schnittstelle zwischen Becken und Sattel von den dafür am besten geeigneten Sitzhöckern in Richtung Schambeinknochen bewegt, je weiter vorgebeugt und sportlicher die Sitzposition ist. Der Sattel kann deshalb schmaler werden, muss aber dann zur Form des jeweiligen Schambeinbereiches passen. Im Gegenzug gilt die »Gesäßformel«: Je aufrechter die Sitzposition ist, desto breiter muss der Sattel sein!

Inzwischen gibt es passgenaue Spezialsättel für jeden Bedarf, vom Modell mit extra langer Nase für mehr Radkontrolle über den geflochtenen Carbonsattel für Rennradfahrer bis hin zum von Urologen empfohlenen Spezialsattel für übergewichtige Menschen mit Bandscheibenschaden.

Auch hier spielt die Beckenbeweglichkeit wieder eine große Rolle. Je unbeweglicher der Radler im Beckenbereich ist, umso brei-

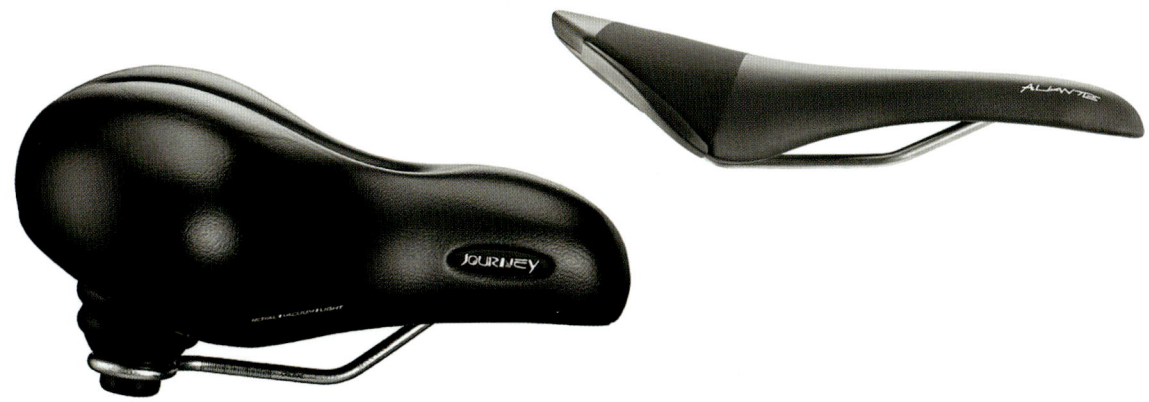

ter darf die hintere Auflagefläche des Sattels sein.

Generell gilt aber bei der Wahl des Sattels: testen, testen, testen … Auch wenn grob die passende Sattelform ermittelt wurde, so gibt es immer noch eine breite Palette zur Auswahl. Allerdings bringt ein sehr weicher Sattel mehr Probleme und weniger Komfort mit sich, als man zunächst vermuten würde. Auf der weichen Aufsitzfläche drückt das Gesäß bis auf die Sattelschale nach unten und hat nun Kontakt zu einem harten Untergrund, der nicht mehr flexibel ist. Ein Sattel mit höherer Grundfestigkeit passt sich dagegen besser an die Sitzfläche an und reagiert mit entsprechender Flexibilität und einem angenehmen Fahrgefühl.

Pedale

Selbst wenn es sich manchmal anders anfühlt: Gebaut ist der Mensch ursprünglich zum Laufen, nicht zum Radfahren. Auch die Füße freuen sich deshalb über etwas Unterstützung, um lange und kraftvoll in die Pedale treten zu können. Und so wundert es nicht, dass Pedal nicht gleich Pedal ist. Die auffälligste Entwicklung der vergangenen Jahre waren die Klicksysteme. Hierbei nutzt man einen speziellen Schuh, an dessen Unterseite sich eine Vorrichtung befindet, mit der er direkt in die Pedale »geklickt« werden kann. Neulinge des Systems erkennt man schnell an roten Ampeln, wenn sie sachte zur Seite kippen: Schließlich muss man sich erst einmal daran gewöhnen, vor dem Anhalten wenigstens einen Schuh aus der Vorrichtung zu ziehen. Spätestens nach dem zweiten Sturz ist die vorausschauende Fahrt jedoch erlernt, und der Vorteil der neuen Pedale offenbart sich: die ideale Kraftübertragung. So wird zum einen der Fuß gelenkschonend auf Ballenhöhe fixiert, zum anderen wird das Rad jetzt nicht mehr nur beim Herun-

tertreten, sondern auch durch das Hochziehen des Beines angetrieben. Das Velo läuft also dank des sogenannten runden Tritts – der allerdings erst mühsam erlernt werden muss – ergonomischer und damit schneller, da das Bein, mit dem die Pedale hochgezogen wird, das gegenüberliegende Bein, das für Vortrieb sorgt, mit zusätzlicher Antriebsenergie unterstützt.

Wer schneller fährt, sieht anschließend aber nicht unbedingt besser aus: Die meisten Klickschuhe eignen sich nicht wirklich

△ High Heels on wheels: eine echte Alternative für die modebewusste Dame.

zum Gehen, sondern lassen stattdessen ihre Nutzer in einen laut klackernden Eierschritt verfallen. Fürs erste Date eignet sich das ebenso wenig wie für einen Spaziergang. Auch wenn es inzwischen vereinzelt bereits Innovationen wie etwa Mountainbikeschuhe mit abgesenktem Cleat oder gar Damenpumps mit Klicksystemen gibt, gilt bislang allgemein noch der Grundsatz, dass sich »Klickis« vor allem im Radsportbereich wirklich gut eignen.

Auf dem Weg zur Arbeit hingegen reichen meist herkömmliche Pedale – die allerdings rutschfest sein sollten. Schließlich möchte man nicht den ersten Regenschauer zum Anlass nehmen, dank eines festen Trittes das Pedal (und damit leider manchmal durch die Schwungkraft auch den ganzen Rest des Fahrrades) unter Füßen und Gesäß zu verlieren. Zudem sollte man bei der Auswahl darauf achten, dass die Pedale zum eigenen Fuß passen: Die Berührung zwischen Mensch und Maschine verläuft über den Fußballen (und nicht über die Ferse!); um Fuß- und Kniegelenke zu schonen, darf die Ferse weder zu weit nach hinten/vorn noch nach außen ragen. Wollen Sie Taubheitsgefühle vermeiden, können zusätzlich auch spezielle Einlegesohlen verwendet werden, welche die Führung des Fußes optimieren und den Druck auf Gefäße und Nervenbahnen abmildern oder ein Zusammendrücken der Zehen verhindern. Eine weiche Sohle sollte für lange Touren also vermieden werden, um Irritationen zu vermeiden. Der passende Schuh ist somit genauso wichtig wie ein passender Sattel.

◁ Auch Weltmeister tragen statt Klicksystem manchmal Anzug – Robert Bartko.

GRIFFE

Sitzt und tritt sich das Rad gut, bleibt nur noch, es auch vernünftig im Griff zu haben. Ein geknicktes Handgelenk geht deshalb gar nicht – schließlich sitzen auch hier Nerven, die eigentlich des Radlers Finger steuern sollen, aber unter entsprechendem Druck nur noch zur Produktion von Kribbeln und Taubheitsgefühlen neigen.

Ergonomisch geformte und richtig eingestellte Griffe unterbinden deshalb ein übermäßiges Abknicken der Handgelenke: Der Übergang zwischen Arm und Hand muss

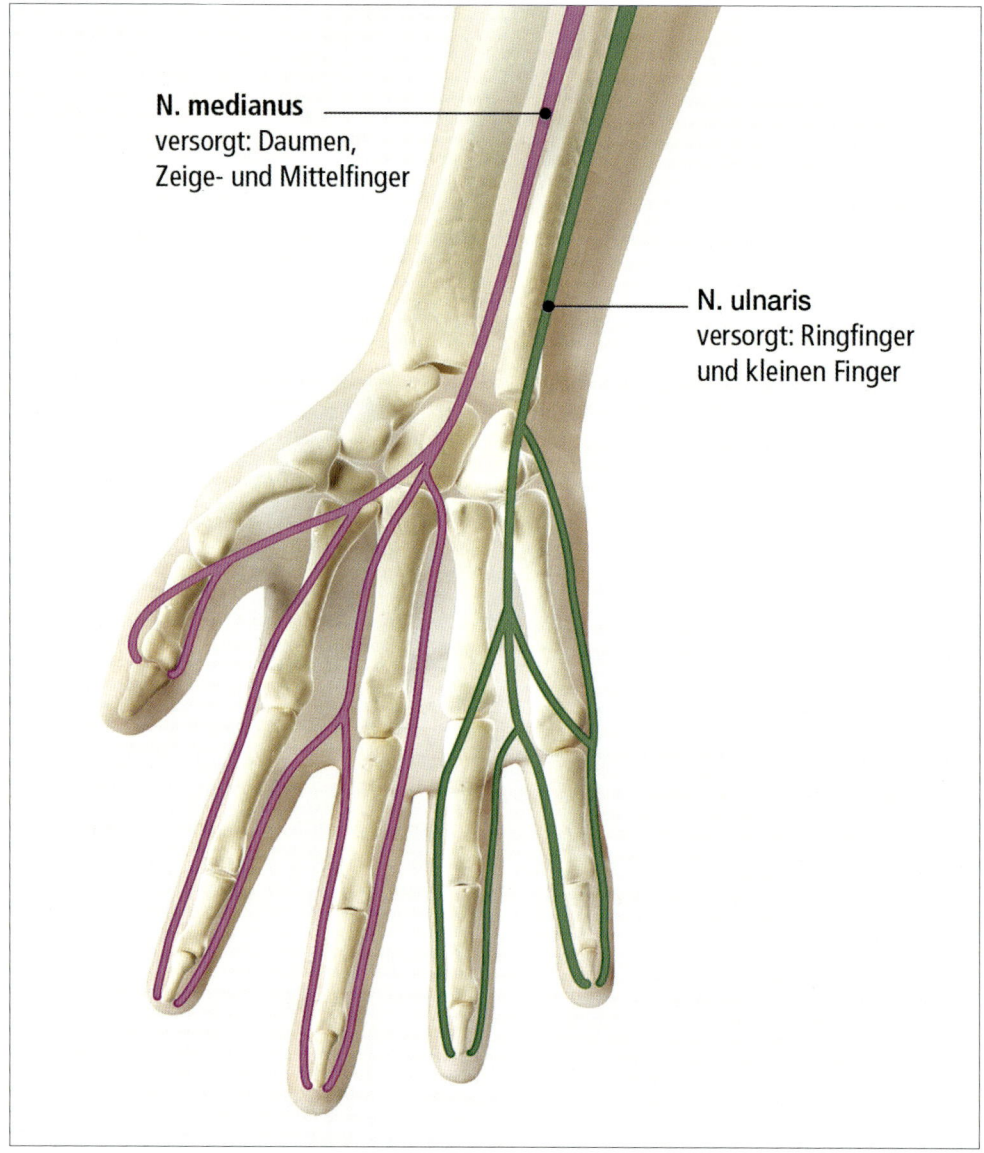

N. medianus
versorgt: Daumen, Zeige- und Mittelfinger

N. ulnaris
versorgt: Ringfinger und kleinen Finger

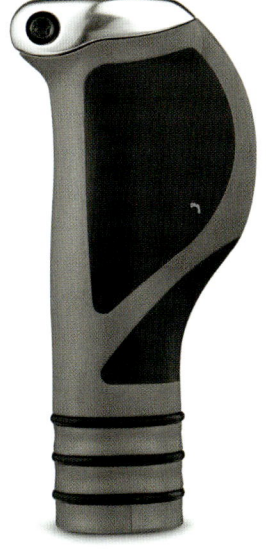

gerade verlaufen, damit der Karpaltunnel, durch den der Medianusnerv verläuft, nicht eingeengt wird.

Ein guter Griff hilft zudem, heftige Stöße und Vibrationen abzumildern: Um mit dem Rad einen kleinen Sprung zu machen, braucht man schließlich keine große Ausfahrt ins Gelände zu planen. Eine Tour zur Arbeit oder zum Bäcker reicht in den meisten deutschen Städten aus, um die Bekanntschaft einer unumgänglichen Kopfsteinpflasterstrecke oder einem gehörigen Schlagloch zu machen. Letzteres trägt seinen Namen nicht zu Unrecht – seine Schläge möchte niemand in Ellbogen, Nacken oder Hals verspüren!

So wie der Fußballen Kontakt zu den Pedalen halten sollte, kommt dem Handballen am Lenker die gleiche Hauptbedeutung zu. Damit diese mehr Halt und Stützfläche bekommen, verfügen viele ergonomische Griffe über Flügel, die zugleich ein Abknicken der Handgelenke verhindern helfen. Natürlich funktioniert dieses Prinzip nur, wenn der Griff auch fest verschraubt werden kann. Vorsicht also vor preiswerten Steckgriffen, die Halt und Komfort nur vorgaukeln.

Stimmt nun die Ausrüstung, kommt es nur noch auf die eigene Haltung an!

Radhaltung

Dehnen, recken, aber nicht strecken – die Ergonomie

Wie halte ich mich richtig: Volle Kraft und mit Anspannung voraus, oder doch ein wenig locker cruisen?

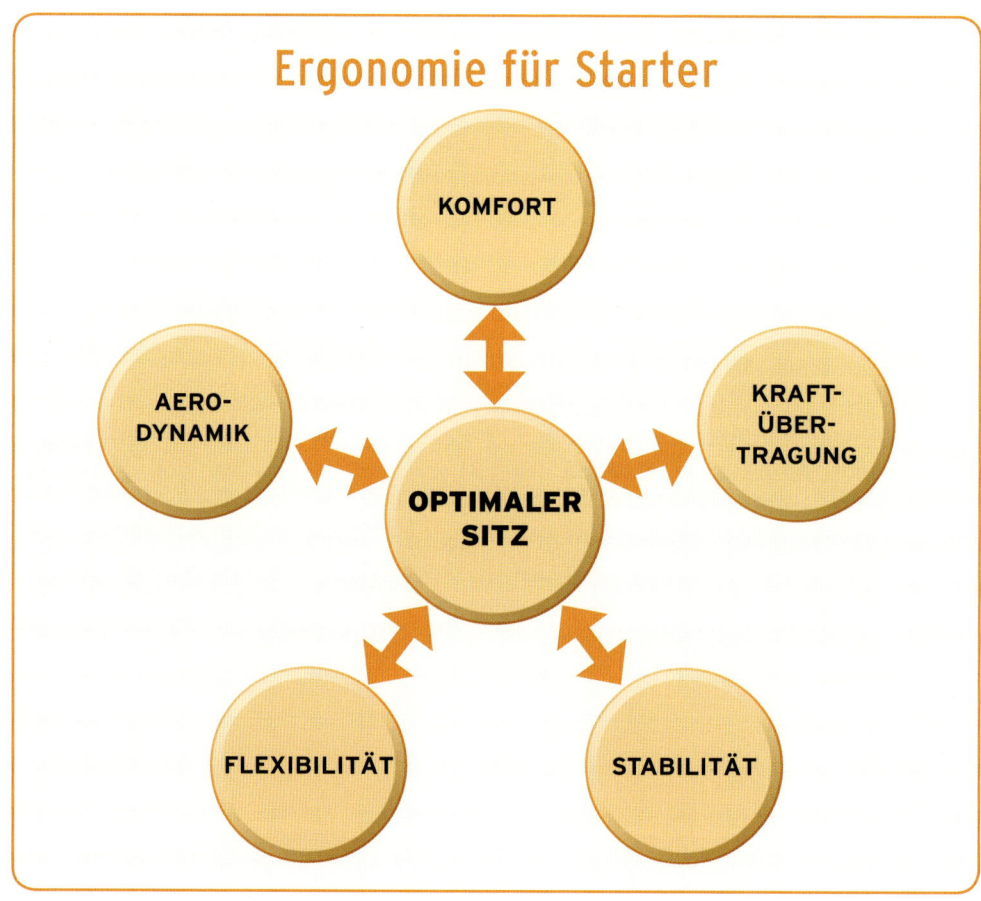

Ideale Radhaltung

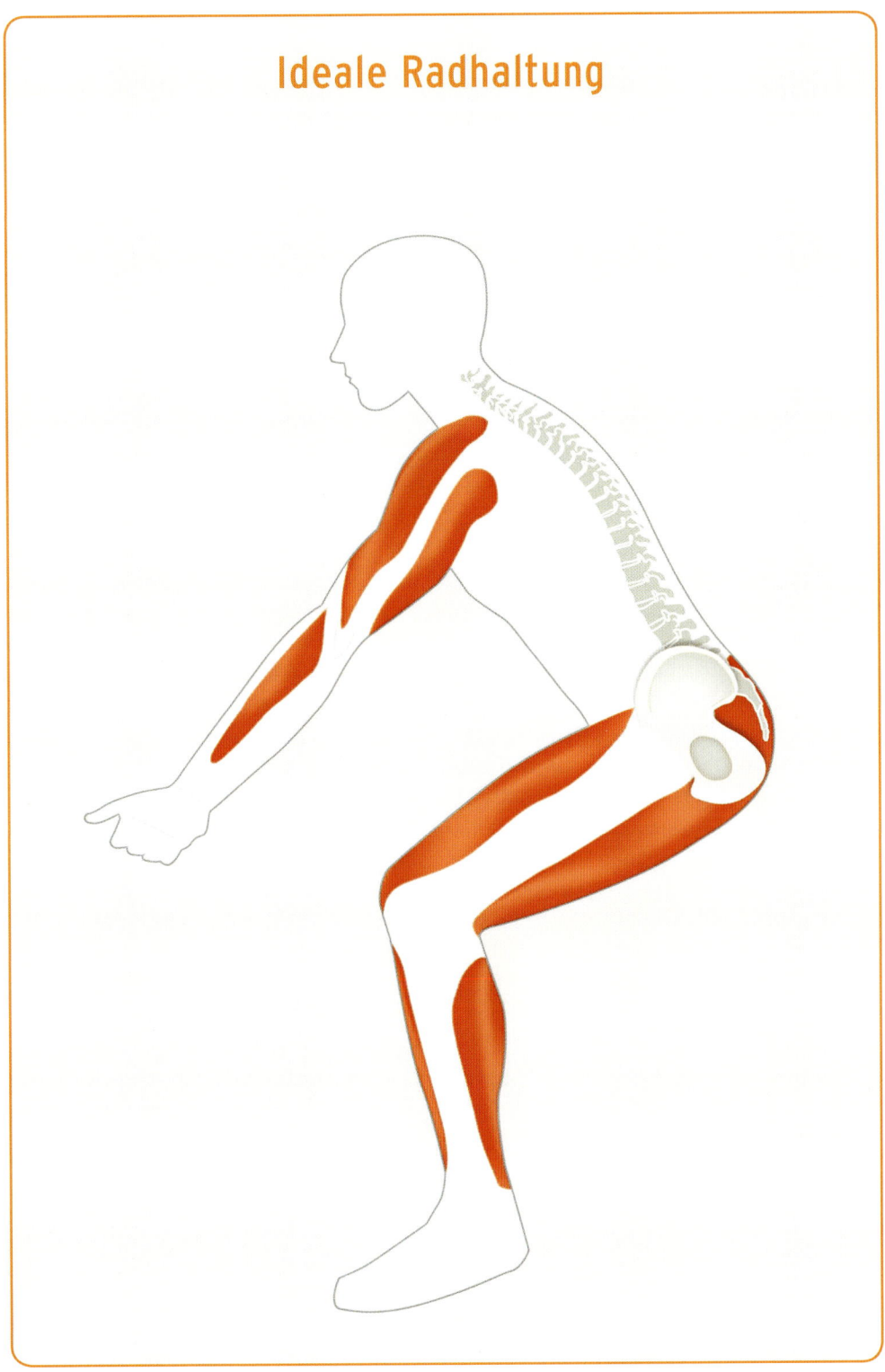

Momentan tummeln sich unzählige Bikefitting-Institute auf dem Markt; es scheint fast, dass jeder, der ein Rad besitzt, auch meint, Experte in Sachen Bikefitting zu sein. Die Wirklichkeit sieht jedoch ein wenig anders aus. Doch zunächst sei gefragt, welche Parameter überhaupt wichtig sind? Sind es Winkel oder unbekannte Formeln? Möchte man den Körper auf ein Rad zuschneidern, sind Formeln und Winkel sicher vordergründig; möchte man aber ein passendes Rad zum individuell ausgeprägten Körper, sollte es umgekehrt sein! Dann wird es auch wichtig, genau über den Körper Bescheid zu wissen. Was hat er für Bedürfnisse, welche Läsionen und Operationen etc. musste er im Lauf seines bisherigen Lebens über sich ergehen lassen? Wieviel und welche Art von Sport wird mit diesem Körper betrieben; oder ist er die lediglich atmende Hülle einer eingefleischten Couch-Potato und verfügt über sehr wenig Körperspannung?

Viele Fragen müssen also im Vorfeld einer gekonnten Bikefitting-Analyse beantwortet werden. Daher kann es nur sinnvoll sein, wenn sich der Bikefitter in Anatomie, Physiologie und Bewegungsabläufen auskennt und möglichst eigene Erfahrungen im Radsport vorzuweisen hat. Der Rahmenbau kann dann getrost anderen Spezialisten überlassen werden, die zur ermittelten Sitzposition entweder einen fahrbaren Untersatz herstellen oder gar in den Katalogen fündig werden.

Wichtig ist, bei der Radergonomie nicht in Abschnitten zu denken, sondern das Gesamtbild zu betrachten: Körper und Rad sollen nach Möglichkeit eine Einheit bilden, wobei sich der Körper nicht dem Rad anzupassen hat, sondern das Rad auf den Körper zugeschnitten sein muss.

Deswegen ist es wichtig, vor Beginn einer Ergonomieberatung erst einmal ausführlich mit dem Kunden zu sprechen, um eine Art Anamnese zu machen. Hierbei wird ähnlich dem Vorgespräch bei einer osteopathischen Sitzung herausgefunden, was der Kunde im Laufe seiner Lebensjahre für Verletzungen angehäuft hat und welche Schwachstellen es gibt; weiter wird geschaut, wie der Körper diese momentan kompensiert.

Natürlich sollte die Sitzposition auch auf den Einsatzbereich des Radlers abgestimmt sein. Möchte ich eher komfortabel und ergonomisch sitzen, ist die Aerodynamik mehr oder weniger unerheblich. Auch eine optimale Kraftübertragung steht hier nicht an erster Stelle. Der eher sportlich orientierte Fahrer wird natürlich viel Wert auf Aerodynamik und Kraftübertragung legen. Was aber bei beiden Fahrern wichtige Faktoren sind, die die Sitzposition beeinflussen, sind Stabilität und Mobilität des Körpers. Je stabiler meine funktionelle Muskulatur ist und insbesondere die Beckenbeweglichkeit, umso besser wird auch die Kraftübertragung in meiner individuellen Sitzposition sein. Die körperlichen Voraussetzungen spielen also eine sehr große Rolle bei der Einstellung der Sitzposition. Beachten Sie daher also immer die Regel, dass sich das Rad an den Fahrer anpassen muss und nicht der Fahrer an das Rad! Seien Sie vorsichtig bei Anbietern, die Ihnen etwas anderes vermitteln wollen.

Wie wichtig es ist, auf das Ganze zu schauen, wird beim direkten Vergleich eines Speichenlaufrades mit dem Körper deutlich: Ein Laufrad ist vielen Stößen und Kompressionen beim Radfahren ausgesetzt. Man kann damit von sehr großen Höhen springen, ohne dass die Laufräder Schaden nehmen, da sich die frei werdenden Kräfte auf die gesamte Felge verteilen. Ist aber nur eine Speiche defekt, hält das ganze Laufrad solchen Krafteinwirkungen nicht mehr stand und deformiert oder bricht. Unser Körper funktioniert ähnlich. So erklären

Beckenstabilität

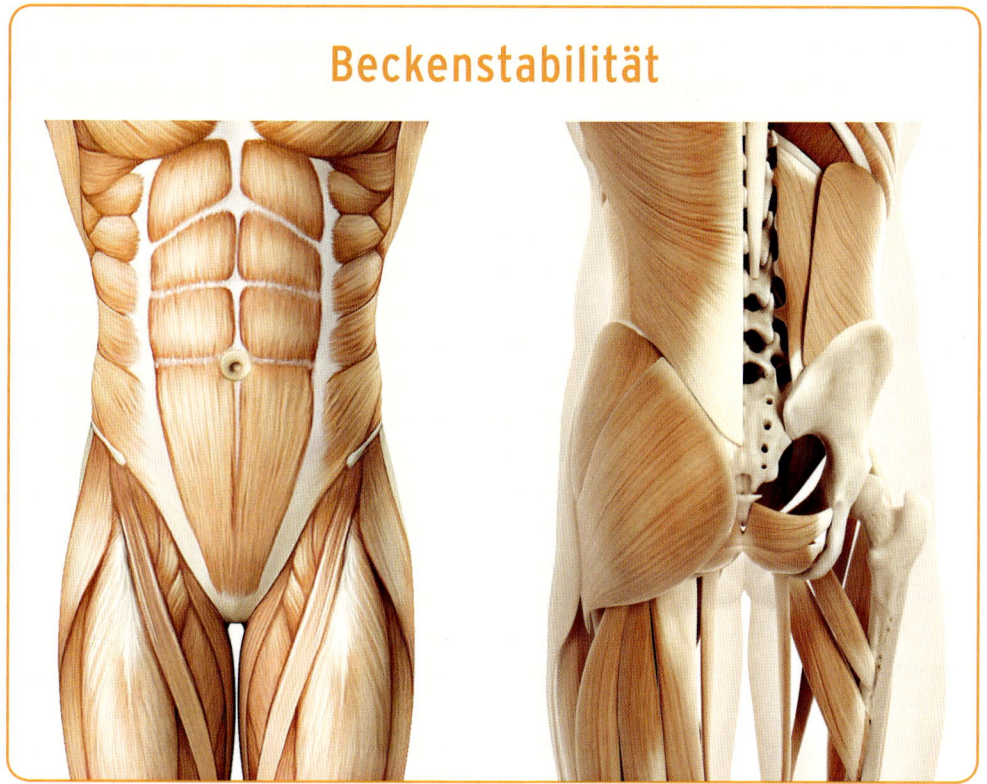

sich oft Ursache-Folge-Ketten im Körper, die auf den ersten Blick nicht schlüssig erscheinen: Nicht unbedingt dort, wo der Schmerz lokalisiert wird, befindet sich die Ursache!

Gerade Schmerzen im Knie sind häufig Folge einer Beckeninstabilität, was auch auf dem Rad Auswirkungen haben kann. Bei jedem Pedaltritt muss das Becken möglichst eben auf dem Sattel gehalten werden, ansonsten schaukelt es nach rechts und links und raubt dem Körper die Stabilität. Natürlich findet eine physiologische kleine Bewegung statt, die durch die Aufteilung der beiden Beckenhälften und die Verbindung durch das Schambein herrührt – sonst könnten wir auch nicht normal gehen. Ist aber beispielsweise die rückwärtige Oberschenkelmuskulatur verkürzt (M. semitendinosus, M. semimembranosus, M. biceps femoris), muss die Bewegung kompensiert werden, wodurch es zu einer vermehrten Schaukelbewegung kommt.

Ist die untere Rückenmuskulatur (u. a. M. erector spinae), die Fascia thoracolumbales und die seitliche Rumpfmuskulatur (u. a. M. obliquus externus abdominis) nicht ausreichend trainiert, muss sich der Körper die Kraft von anderer Stelle holen, sodass vermehrt die Oberschenkelmuskulatur zum Einsatz kommt, die wiederum eine größere Schaukelbewegung auslöst. Es ist, als stelle man eine Kanone auf ein kleines Paddelboot und versucht sie anschließend zielsicher abzufeuern: Der Spatz dürfte überleben!

Deshalb sollte nicht nur die Sitzposition optimiert werden, Sie sollten auch darauf achten, dass Sie Ihren Körper in punkto Flexibilität und Stabilität verbessern.

△ Regina Marunde bei ihrer täglichen Arbeit, dem Bikefitting.

Gerade das Zusammenspiel der rückwärtigen Oberschenkelmuskulatur (Ischiokruralmuskulatur, engl. Hamstrings) mit dem Hüftbeuger (M. iliopsoas) ist hinsichtlich Mobilität und der gesamten Beckenstabilität wichtig für eine sportliche Sitzposition. Der Grad der Sitzposition resultiert aus Ihrer Fähigkeit, in bestimmten Bereichen besonders beweglich zu sein; gleichzeitig hängt es zu einem großen Teil von der Stabilität ab, für die Ihre Haltemuskulatur sorgt. Das Bikefitting ergibt deshalb nicht eine für alle Zeiten gültige Position, sondern sollte sich immer an dem jeweiligen körperlichen Zustand orientieren.

Dabei muss der Körper nicht in Idealvorstellungen gepresst werden: Es ist somit nicht hilfreich, zum Beispiel mithilfe von Einlagen oder einer bestimmten Einstellung der Cleats Füße, Knie und Hüfte in eine Position zu zwingen, die zwar schön ausschaut, von Ihren körperlichen Voraussetzungen jedoch gar nicht toleriert wird. Sinnvoller ist es, immer nur sehr kleine Angleichungen vorzunehmen, sodass sich die Strukturen langsam anpassen können.

Vor dem Bikefitting gilt es also, mehrere Fragen zu beantworten:
A) In welcher Verfassung befindet sich mein Körper?
B) Welcher Radtyp passt für meine Bedürfnisse?
C) Welche funktionellen Kräftigungs- und Dehnübungen sollte ich machen?

Anschließend wird eine Vermessung auf dem Fitting-Bike vorgenommen, um entsprechend den körperlichen Bedürfnissen die individuelle Sitzposition zu ermitteln.

Mit den so festgestellten Daten an der Hand kann der Kunde anschließend einen Radladen aufsuchen und nach seinem optimalen Bike Ausschau halten.

ERGONOMIE FÜR FORTGESCHRITTENE

Eine professionelle Radeinstellung ist nicht nur für Berufsfahrer empfehlenswert. Im Gegenteil, sie eignet sich für Radler aller Couleur und Ambitionen – so sie denn den Anspruch haben, ideal und schmerzfrei zu sitzen. Dabei entwickelt sich die Aerodynamik in Entwicklungsstufen: Es ist nicht mit einer einzigen Einstellung getan, da sich auch der Körper durch das Training verändert.

So nützt es niemandem, sich ein Zeitfahrrad zu kaufen und es den Radprofis nachmachen zu wollen, wenn man die entsprechende Position vom Rumpf nicht halten kann. Stattdessen sollte zuerst an der muskulären Stabilität gearbeitet werden, um anschließend eine verbesserte Aerodynamik anzupeilen.

Nacken

Beachtenswert ist die Besonderheit der Halswirbelsäule: einerseits extreme Flexibilität durch kleinere Wirbel, was mit höherer Empfindlichkeit und Möglichkeit zur Fehlhaltung einhergeht; andererseits müssen circa sieben Kilogramm Kopfgewicht gehalten werden. Die kleinen, tief liegenden Muskeln sollten also auch in diesem Bereich ausreichend trainiert sein, um Schmerzen zu vermeiden.

Oft wird der Kopf aufgrund einer unpassenden Sitzposition beim Radfahren ebenso wie bei der Arbeit am Computer wie ein Schildkrötenhals nach vorne geschoben; eine Verkrümmung auf Höhe der Brustwirbelsäule verstärkt das Ganze; letztere wird oft noch durch eine zu lange Sitzposition nachteilig beeinflusst, da es in diesem Bereich verstärkt zu einer Kyphose kommt. Eine zu lange und ausgestreckte Sitzposition wirkt sich unter anderem auf die Beckenstellung aus und führt dazu, vermehrt ins Hohlkreuz zu gehen und die Arme zu strecken. Ein optimaler Oberkörper-Oberarm-Winkel von 80–90 Grad wirkt dem entgegen.

Man sollte versuchen, die natürliche Doppel-S-Form der Wirbelsäule beizubehalten, sodass die sozusagen von der Natur vorgegebene Federgabel auch genutzt werden kann. Sitzt man zu lang oder zu kurz, ist der Nacken nicht mehr in seiner natürlichen Position.

Oft treten eingeschlafene Finger auf. Die möglichen Ursachen können vielfältig sein:
▶ eine zu kurze oder zu lange Sitzposition
▶ ein zu tief eingestellter oder zu schmaler Lenker
▶ zu dünne Lenkergriffe; abgeknickte Handgelenke

Doppel-S-Form der Wirbelsäule

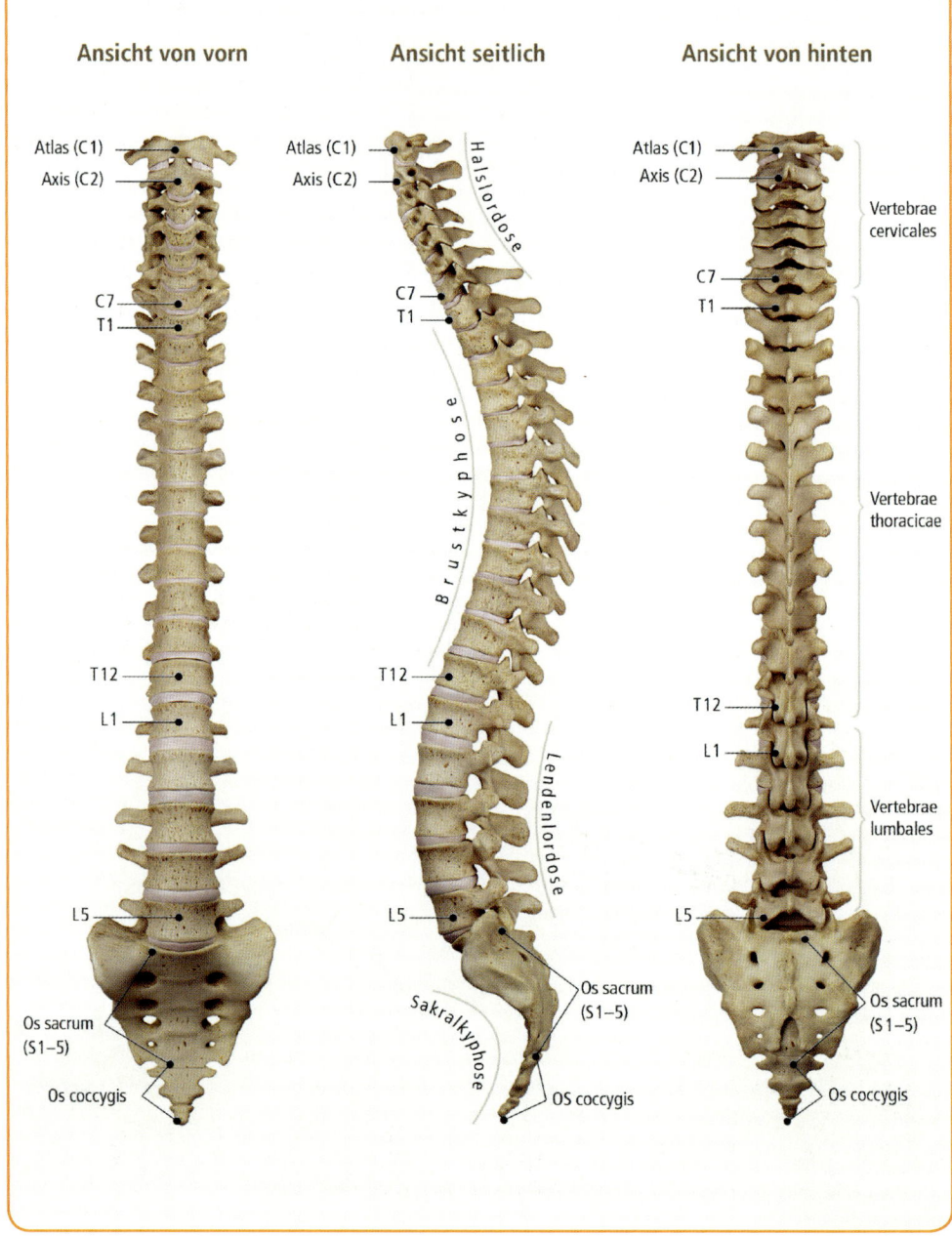

- hochgezogene Schultern
- durchgedrückte Ellenbogen (was zu einer direkten Kraftübertragung zum Schulter-Nackenbereich führt)
- orthopädische oder neurologische Probleme im Schulter-Nackenbereich
- unpassende Lenkerformen – zum Beispiel der zum Glück fast ausgestorbene »Brezellenker«, der zwar viele Griffvarianten bietet, von denen sich in der Regel jedoch keine für den jeweiligen Radler eignet
- falsche Kleidung bei kühlen Temperaturen, sodass der Nackenbereich nicht geschützt ist

Becken / Knie

Gerade für den Knie- und Hüftbereich ist Radfahren eine schonende und therapeutische Variante der sportlichen Betätigung. Besonders dann, wenn der Fahrer mit Klick-Pedalen unterwegs ist und den runden Tritt beherrscht: Hierbei kommt es durch die Zug-und-Druck-Belastung beim Treten zu einer verbesserten Diffusion mit Wasser und Nährstoffen und damit verbesserten Nährstoffversorgung von Bindegewebe, Faszie und Knorpel. Im Bandscheibenbereich bleibt die Elastizität durch die Bewegung ebenfalls erhalten, und durch geringere Stoßbelastungen können bei einer individuellen Radeinstellung alle symptomatischen Bereiche entlastet werden.

Besteht ein deutlicher anatomischer Beinlängenunterschied, kann dies durch unterschiedlich lange Kurbelarme ausgeglichen werden. Bei einem funktionellen Beinlän-

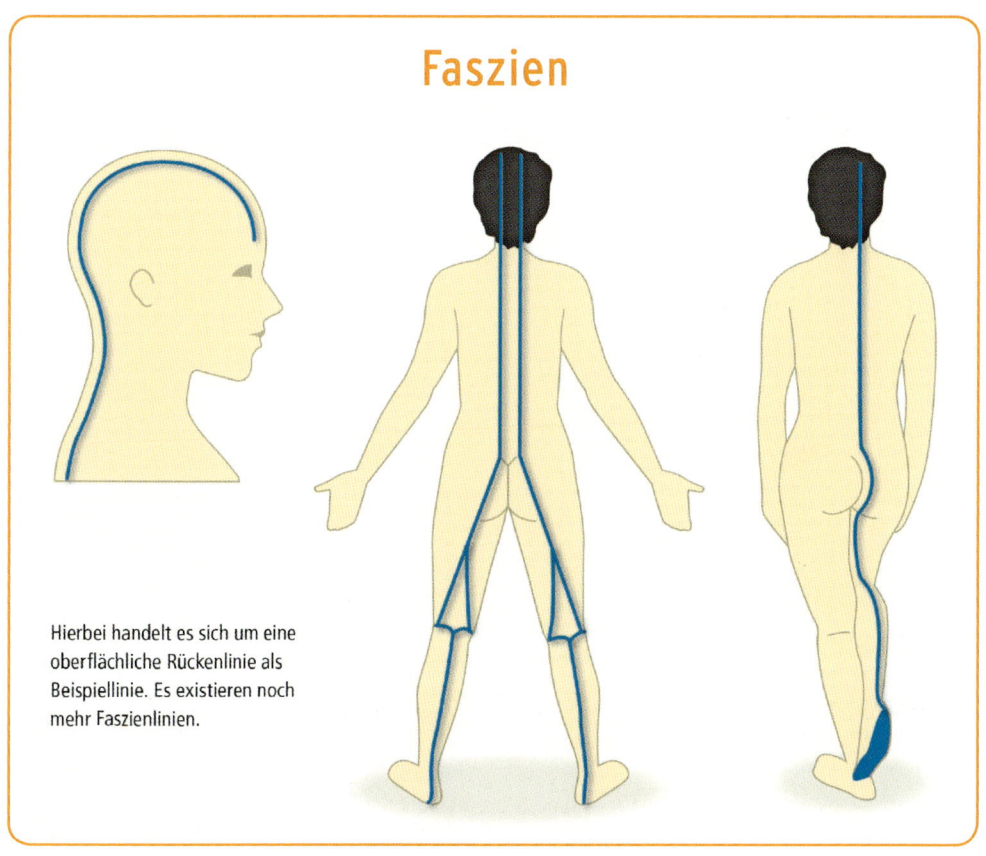

Faszien

Hierbei handelt es sich um eine oberflächliche Rückenlinie als Beispiellinie. Es existieren noch mehr Faszienlinien.

genunterschied muss mithilfe von Physiotherapie lediglich die Muskulatur in Einklang gebracht werden, anderenfalls kann dieses Problem beispielsweise Knieschmerzen auf dem Rad auslösen; Kraft und Flexibilität sollten dabei stets im Einklang sein.

Zusätzlich ist es wichtig, auf die Trittechnik zu achten. Am besten eignet sich eine hohe Frequenz (sogenannte Kadenz) bei leichteren Gängen, wenn beispielsweise degenerative Veränderungen im Knie und Hüftbereich vorliegen und die muskuläre Stabilität noch nicht gegeben ist.

Knieposition zur Pedalachse

Patella

Pedalachse

Will man die Stöße nicht nur aus fahrtechnischen Gründen absorbieren, so ergeben gut gefederte Sattelstützen, Dämpfung über breitere Reifen und den Luftdruck ebenfalls Sinn. Über ein voll gefedertes Rad sollte man hingegen auch bei bereits vorliegenden Beschwerden nur bei geplantem Einsatz im Gelände nachdenken: Für den Asphaltbereich sind solche Modelle ähnlich überdimensioniert wie Geländewagen in der City – die Vorteile der Federung kommen hier gar nicht recht zum Zuge, sondern schaffen nur überflüssiges Gewicht.

Bei arthrotischen Beschwerden im Kniebereich (besonders der Kniescheibe, lat. Patella) sollte dieser während der Fahrt in eine entspannte Position gebracht werden. Dafür wird das Knielot bei waagerechter Kurbelposition *hinter* die Pedalachse gelegt. Ob eine solche Einstellung auf dem entsprechenden Rad überhaupt möglich ist, hängt auch von der Länge des Oberschenkels ab. Sollte eine entsprechend gekrümmte Sattelstütze sowie eine verbesserte Sattelposition nicht ausreichen, das Knie in die entspannte Position zu bringen, so ist eventuell ein Maßrahmen zu empfehlen.

Bei Bewegungseinschränkungen im Knie sollte ebenso auf die Kurbellänge geachtet werden, da sich in Abhängigkeit der Kurbellänge bei jeder Pedalumdrehung der Kniewinkel anpassen muss. Für eine neutrale Position im Knie sollte das Knielot bei waagerechter Kurbelstellung durch die Pedalachse laufen (siehe Abbildung links).

Rumpf
Unsere Wirbelsäule ist eine bewegliche Kette, die optimal von Muskulatur, Faszien und Bändern stabilisiert wird. Die ursprüngliche Wirbelsäulenform zeigt eine Doppel-S-Form auf, sodass Stöße besser abgefedert werden können. Die Bandscheiben liegen zwischen den Wirbelkörpern

und dienen als Puffer. Die darin enthaltene Flüssigkeit sorgt dafür, dass die Dämpfung auch funktioniert. Morgens sind wir bis zu drei Zentimeter größer als am Abend, da durch die Belastung ein Teil der Flüssigkeit herausgedrückt wird. Bei ausgeglichenen Zug- und Druckbelastungen wird der Stoffwechsel so angeregt, dass der verlorengegangene Anteil wieder reproduziert wird. Ebenso kann die Flüssigkeit nachts wieder in die entsprechenden Zellen diffundieren.

Durch unsere Arbeitshaltungen – gerade in der typischen Bürohaltung am Schreibtisch – wird die Wirbelsäule oftmals in eine Fehlhaltung hineingepresst und verharrt durch ausbleibendes Ausgleichstraining (in Verbindung mit einem muskulären Ungleichgewicht) in dieser Fehlstellung.

Eine zu schwache Rumpfmuskulatur hat zur Folge, dass die Muskulatur eine längere Reaktionszeit aufweist, um Stöße zu absorbieren, sodass sich schnell Schmerzsymptomatiken entwickeln können. Bei der Einstellung der Sitzposition sollte deshalb darauf geachtet werden, dass die Doppel-S-Form der Wirbelsäule erhalten bleibt! In einer leicht vorgebeugten Position können Stöße wesentlich besser absorbiert werden als in der sehr geraden Hollandradposition. Deshalb ist gerade bei Rückenbeschwerden die leichte Vorbeuge sinnvoller als eine aufrechte Position. Natürlich ist die sehr sportliche Sitzposition mit einer starken Vorbeuge für den Alltag ebenfalls nicht zu empfehlen, da hierbei sehr viel Haltearbeit geleistet werden muss. Allerdings kann eine sportliche Position mit entsprechend ausgeprägter Rumpfmuskulatur auch nach abgeklungenen Rückenbeschwerden eingenommen werden – wenn die Muskulatur die Position halten kann.

Da es aber immer individuelle Veränderungen der Wirbelsäulenform und entsprechende Beschwerden gibt, sollte hierauf auch während einer fachgerechten Untersuchung eingegangen werden.

Sehr häufig entstehen durch lange Tätigkeiten im Sitzen besonders Verkürzungen im Hüftbeugerbereich. Dies führt dazu, dass das Becken in die Hohlkreuzposition gezogen wird, da dies die Funktion des Hüftbeugers (M. iliopsoas) ist. Zusätzlich entsteht eine Verkürzung im Hüftbeugerbereich, welches die Hüftstreckung einschränkt (zweite Funktion dieses Muskels). Da wir aber keine einzelnen Muskeln, sondern immer die Funktionalität der Muskelketten und somit auch der Faszienverläufe betrachten sollten, ergibt sich daraus eine Ursache-Folge-Relation, die u. a. im Kniebereich zu Symptomen führen kann. Die Spannung der gesamten vorderen (frontalen) Faszie erhöht sich durch diese Körperstellung, da eine Faszienkette vom Fußrücken über das Becken (vorderer Bereich) zur Bauchmuskulatur und weiter bis zum Schulterbereich verläuft. Dadurch entsteht mehr Anpressdruck an der Kniescheibe, was schnell zu Schmerzen im Kniescheibenbereich führen kann. Dehnübungen der entsprechenden Muskulatur führen hier meist schnell zu Schmerzlosigkeit.

Wer allerdings glaubt, mit Radfahren seine Rumpfmuskulatur zu kräftigen, muss leider enttäuscht werden. Man unterscheidet die oberflächliche Muskulatur von der tiefen Muskulatur. Letztere hält uns im Rückenbereich aufrecht (M. spinalis). Sie wird beim Radfahren ebenso wie die Bauchmuskulatur kaum beansprucht, weshalb auch der fleißige Radler nicht um Sonderschichten herumkommt.

Da das Herz-Kreislauf-System schneller auf die Trainingsreize reagiert, als sich Sehnen, Bänder und Muskulatur anpassen können, sollte am Anfang etwas Geduld bezüglich schneller Steigerungen bewahrt werden. Möchte man zu schnell mit speziellem Bergtraining beginnen oder mit zu schweren Gängen fahren, kann das schnell in Beschwerden enden.

Füße

Auch wenn uns der Fuß wie ein großes Ganzes erscheint, wird er doch von ganzen 26 Einzelknochen gebildet!

Dabei ist das Längs- und Quergewölbe bei den meisten Mitteleuropäern zu schwach ausgebildet. Unsere Füße bilden aber unser Fundament! Und wenn ich ein Haus baue, dessen Fundament nur unzureichend und instabil konstruiert ist, möchte in so ein Gebäude sicher niemand einziehen. Wir sollten also aufhören, unsere Füße so stiefmütterlich zu behandeln – und ihnen stattdessen größte Aufmerksamkeit zuteilwerden lassen.

Ein alltägliches Instrument, mit dem wir unsere Füße wahlweise schonen oder foltern können, sind Schuhe. Dafür braucht es, wenigstens bei den Damen der Schöpfung, nicht einmal langes Stehen auf hohen Absätzen: Die Plantarnerven zwischen den Köpfchen der Mittelfußknochen werden bereits durch das Tragen zu schmaler Schuhe ausreichend irritiert.

Auch Druck auf den Mittelfuß bei langem Treten und zu schwacher Muskulatur im Quergewölbe kann dieses ermüden und in sich zusammenfallen lassen, die Ballenmuskeln der Zehenbeuger sacken dann zusammen, der Vorfuß flacht ab. Um dennoch schmerzfrei lange Rad fahren zu können, kann dieser Bereich mit speziellen Radeinlagen unterstützt werden. Besser ist es natürlich, die Muskulatur mit entsprechenden Übungen aktiv zu kräftigen.

Zur Unterstützung und zur verbesserten Kraftübertragung sollten stets Radschuhe mit einer festen Sohle getragen werden. Lockere Sandalen oder zumindest bei hippen Großstädtern gelegentlich gesichtete

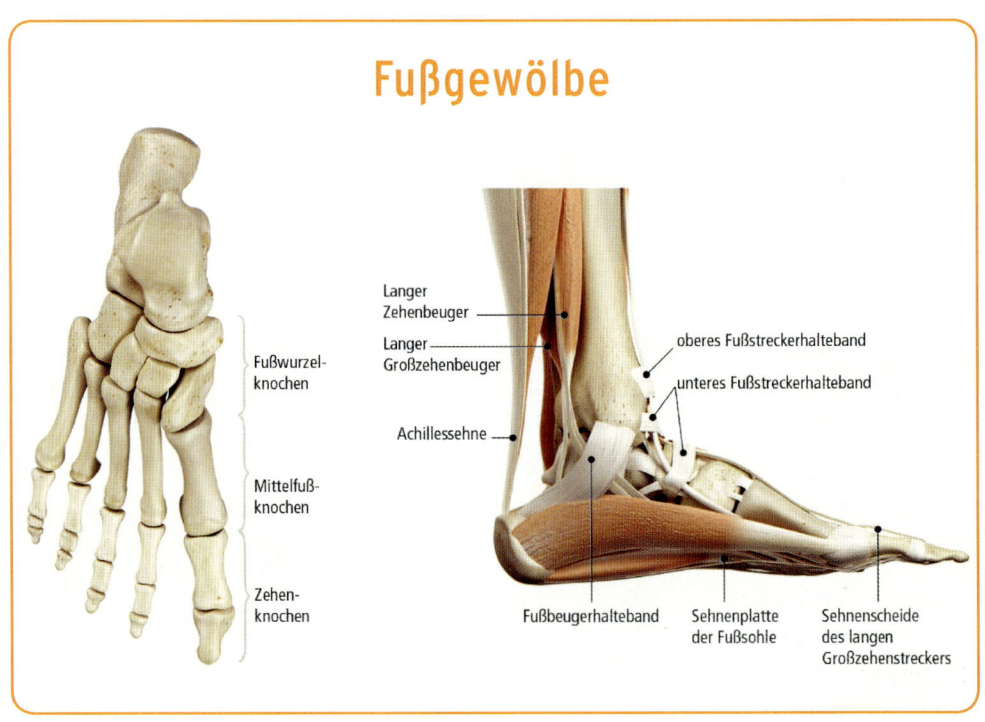

Fußgewölbe

Flipflops bieten sich hingegen nicht an! Ob hingegen spezielle Schuhe mit Klickpedalsystem genutzt werden oder nicht, ist nicht ausschlaggebend. Bei der Größenauswahl sollte beachtet werden, dass der Fuß im unbelasteten Zustand mindestens einen Zentimeter kürzer ist als unter Druckbelastung. Gerade bei schwachem Fußgewölbe können sich Ursache-Folge-Ketten vom Fuß zum Becken entwickeln. Umgekehrt natürlich auch – vom instabilen Becken zur absteigenden Kette bis hin zum Fuß. Somit kann es über die strukturellen Verbindungen zu unterschiedlichen Beschwerden kommen. Funktionelles Training ist also für jeden wichtig, der seine Muskulatur kräftigen und dehnen möchte, um auch morgen noch kraftvoll zutreten zu können!

Möchte man mit dem Klicksystem fahren, müssen die Klickpedale ebenfalls individuell eingestellt werden.

Das Cleat, also die Platte, die unter den Schuh geschraubt wird, um im Pedalsystem einzuklicken, kann unterschiedlich positioniert werden: nach vorn und hinten (anterior / posterior), seitlich (lateral) und in der Rotation.

Dabei ist es wichtig, auf die individuelle Fuß- und Hüftgelenksstellung zu schauen. Schraubt man die Platten in Neutralstellung an, obwohl der Fuß in einer extremen Außenrotation steht, gibt es sicher beim Fahren Probleme im Knie- oder Hüftbereich, da diese Position dann nicht der individuellen Position entspricht. Die Stellung sollte am besten von einem Physiotherapeuten oder Bikefitter getestet werden. Vorab kann man sich aber auch selbst überprüfen: Am besten barfuß stehen und circa 15 Sekunden mit nach vorn ausgerichtetem Blick auf der Stelle treten. Nach dem Stopp auf die Fußstellung schauen. Befinden sich beide Füße in leichter Außenrotation, so liegt eine neutrale Stellung vor und beide Cleats können

Die Cleats: Ant-Post / Lateral / Rotation

▶ Der individuellen Fußstellung anpassen – Füße aufstellen und prüfen, ob bzw. wie weit die Füße nach außen rotieren.
▶ Vom Ist-Zustand ausgehen! Rotationskomponente nicht vergessen, sonst entstehen Knieprobleme etc.
▶ Tritttechnik
▶ Einlagen

Cleats zu weit vorn	Cleats weiter hinten	Cleats seitlich einstellen	Cleats Rotation
Anpressdruck auf Patella steigt		Achse: Mitte SPG – KG – HG	Individuelle Fußstellung testen
Achillessehnenprobleme (langer Schuhhebel)	Entlastung M. gastrocnemius (bes. Triathlon)		Keine Fußfixation außerhalb der individuellen Stellung
Beckenprobleme			

in die gleiche Position neutral am Schuh fixiert werden. Steht allerdings ein Fuß deutlich nach außen oder innen rotiert, so sollte diese Position sich auch in der Cleat-Einstellung wiederfinden.

Für eine neutrale Cleat-Position sollte das Cleat so ausgerichtet sein, dass es in der Pedalachse (siehe Grafik) angeschraubt wird und sich im Mittelfußbereich befindet.

Weicht man zu sehr von dieser Position ab, können eine ganze Reihe von Problemen entstehen. Sind die Cleats zu weit im vorderen Zehenbereich positioniert, so wird der Anpressdruck auf die Kniescheibe höher und Achillessehnenprobleme können schneller auftreten, da die Kraft vermehrt über den Wadenbereich und den vorderen Oberschenkelbereich auf die Pedale umgesetzt wird (funktionelle Muskelkette). Über die Muskelzüge und den erhöhten Anpressdruck im Kniescheibenbereich kann es auch zu einer Symptomatik im Beckenbereich kommen.

Im Triathlonbereich ist es von Vorteil, die Cleats etwas weiter hinter der neutralen Achse zu fixieren, da dann der M. gastrocnemius (Wadenmuskel) etwas entlastet wird. Dieser Bereich wird im anschließenden Laufen mehr beansprucht, sodass ich etwas besser und erholter in den Lauf komme.

Natürlich sollte auch immer die individuelle Tritttechnik kontrolliert und auf die Fußhaltung beziehungsweise die Mobilität im Sprunggelenk geschaut werden. Ist in diesem Bereich sehr wenig Beweglichkeit vorhanden, kann das Cleat ebenso etwas weiter nach hinten gesetzt werden, um die Spitzfußstellung zu neutralisieren. Hier sollte die gesamte Beinachsenmuskulatur von einem Fachmann betrachtet werden, um eventuelle Fehlstellungen auszuschließen.

Bestehen sehr große Fußinstabilitäten im Fußgewölbe, so besteht die Möglichkeit, die Fußposition mit speziellen Radeinlagen auszugleichen. Dabei sollten die aktiven Fußstabilitätsübungen aber nicht außer Acht gelassen und zusätzlich regelmäßig durchgeführt werden, da nur durch aktive Kräftigung auch bessere Stabilität dauerhaft gewährleistet ist.

Gesäß

Ein Fahrradsattel ist nie so bequem wie ein Sofa, erfüllt aber auch einen anderen Zweck! Zu Beginn einer Fahrradsaison muss sich deshalb selbst ein Radprofi wieder an den Sattel gewöhnen – und trainieren. Denn da wir bestimmte muskuläre Bereiche beanspruchen, müssen auch diese in Form gebracht werden. Schließlich konzentriert sich der Druck auf dem Sattel auf einen kleineren Bereich als auf der Couch, weshalb die Beckenbodenmuskulatur dementsprechend gekräftigt werden muss.

Neben dem Training der Muskeln sollte auch darauf geachtet werden, dass die Form des Sattels zum jeweiligen Gesäß passt! Stimmt beides, kommt es meist gar nicht zu Schmerzen an den drei häufigsten Stellen: Steißbein mit Sitzknochen, Damm und Schambeinbereich.

Die Druckverteilung ist von der individuellen Beckenstellung und Beckenbeweglichkeit abhängig. Diese im Vorfeld zu untersuchen ergibt Sinn, um so die optimale Sattelform auswählen zu können und sich anschließend auf die Suche nach dem passenden Modell zu machen. Welches davon schlussendlich ideal sitzt, erschließt sich letztendlich erst nach mehreren – längeren – Ausfahrten. Das muss nicht bedeuten, am Ende auf einem halben Dutzend gekaufter Sättel sitzen zu bleiben. Viele Radhändler bieten ihren Kunden die Möglichkeit an, den Sattel bei einem unbefriedigenden Test umzutauschen.

Allgemein gilt allerdings, dass ein zu weicher Sattel zu einer Nervenirritation (besonders N. pudendus) führen oder Durchblutungsstörungen im Beckenbodenbereich auslösen kann. Die richtige Sitzhöhe und eine angepasste Sattelnasenneigung sind hier ebenfalls ausschlaggebend für einen rundum komfortablen Sitz.

Test: Wo zwickt und schmerzt es – wie kann Abhilfe aussehen?

SCHMERZPUNKTE	SYMPTOME	URSACHEN	ABHILFE
Kopf	Kopfschmerz	▶ Verspannungen im Nackenbereich ▶ zu wenig Flüssigkeit (dehydriert) ▶ Helm zu fest ▶ Brillenpassform	▶ Lenkerposition ▶ Flüssigkeitsausgleich ▶ Einstellung ▶ Optiker
Nacken	Schmerz	▶ zu schwache Muskulatur ▶ hoher Muskeltonus beeinflusst die Durchblutung	▶ Trainingsprogramm ▶ Lenkerposition
Schulter	Schmerz	▶ fahren mit gestreckten Armen ▶ zu schwache Muskulatur ▶ Position zu aufrecht, hochgezogene Schultern	▶ Lenkerposition ▶ Training ▶ Lenkerposition
Ellenbogen	Schmerz	▶ Position zu aufrecht	▶ Vorbau austauschen
Handgelenk / Finger	Kribbeln / Taubheitsgefühl	▶ Position zu aufrecht ▶ Handgelenke abgeknickt ▶ zu dünner Griff	▶ Vorbau austauschen ▶ Ergo-Griff ▶ Ergo-Griff

Test: Wo zwickt und schmerzt es – wie kann Abhilfe aussehen?

SCHMERZPUNKTE	SYMPTOME	URSACHEN	ABHILFE
Brustwirbelsäule	Schmerz	▶ Kyphose / Buckel	▶ Trainingsprogramm
Lendenwirbelsäule	Schmerz	▶ zu schwache Muskulatur	▶ Trainingsprogramm
Beckenboden	hoher Druck	▶ Sattelstellung	▶ Sattelstellung ändern
Sitzbeinhöcker	Schmerz	▶ Sattelstellung ▶ falsche Radhose ▶ Sacrumproblem	▶ Sattelstellung ändern ▶ keine Unterwäsche unter der Radhose ▶ Osteopath
Hüftgelenk	Schmerz	▶ Muskulatur verkürzt ▶ Sattelstellung	▶ Stretching ▶ Sattelstellung ändern
Kniegelenk	Schmerz	▶ Muskulatur verkürzt ▶ zu schwere Gänge	▶ Stretching ▶ höhere Kadenz ▶ Osteopath
Fuß	Schmerz / Kribbeln	▶ zu enge Schuhe ▶ Sohle zu weich, Schuhplatten drücken duch die Sohle	▶ Schuhkontrolle

Zusammenfassung

▶ Bikefitting ist ein Prozess vom Körper zum Bike
▶ Individuelles funktionelles Training zur Anpassung
▶ Therapie

1. ANAMNESE, ANALYSE

2. TRAINING PHYSIOTHERAPIE OSTEOPATHIE

3. REFIT AERODYNAMIK

Ein gerader Rücken kann Orthopäden entzücken – Sitzhaltung und Haltungsirrtümer

Wie sich jedes Schlagloch umstandslos in Ihr Rückgrat bohrt.

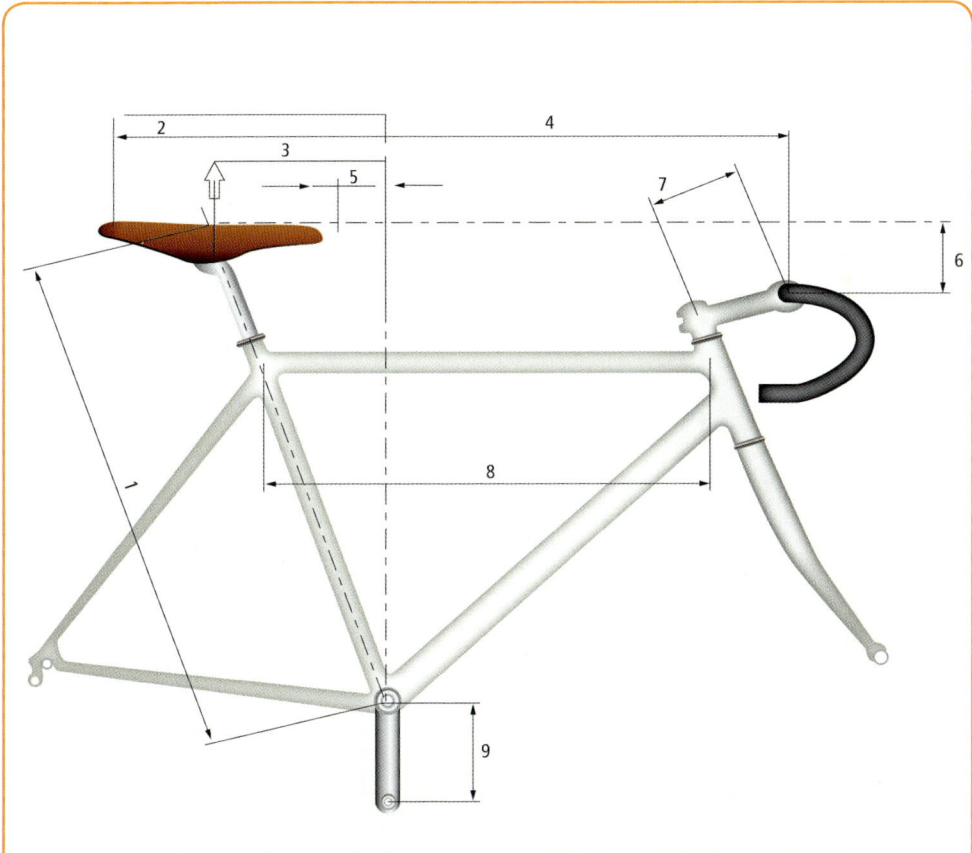

Hersteller geben häufig nur die Rahmenhöhe an. Diese bemisst die Länge des Rohrs unterhalb des Sattels (1). Menschen haben jedoch nicht nur unterschiedlich lange Beine, auch alle anderen Körperteile sind nicht genormt. Wichtig sind deshalb für die angenehme Haltung auch alle anderen Abstände – besonders die Länge des Oberrohrs (8).

Für die richtige Haltung auf einem Fahrrad gibt es keine Formel. Jeder Körper ist anders – und das Rad hat sich dem Menschen anzupassen, nicht andersherum.

SATTELHÖHE

Die Sattelhöhe ist nicht nur von der Beinlänge abhängig. Im Gegenteil entstehen gerade dann Probleme, wenn nur von Standardformeln zur Berechnung der Sitzhöhe ausgegangen wird. Tatsächlich hängt die ideale Sitzhöhe von mehreren körperlichen Faktoren ab. Gerade wenn das Radpositionsthema ganzheitlich angegangen werden soll, sind die Betrachtung und Untersuchung des gesamten Körpers unerlässlich. Dazu gehören:

- Beckenbeweglichkeit
- segmentale Beweglichkeit im Lendenwirbelsäulenbereich
- Dehnungsfähigkeit der ischiocruralen Muskulatur (rückwärtige Oberschenkelmuskulatur)
- Dehnungsfähigkeit der Hüftbeugermuskulatur
- Beweglichkeit im Sprunggelenk
- Beweglichkeit im Kniegelenk
- Beinlängendifferenzen
- Organsenkungen, besonders der Blase und der Gebärmutter

Die Sitzhöhe wird auch von der Sattelstellung beeinflusst. Die wildesten Einstellungen bekommt man im Alltag zu sehen. Die extreme Neigung der Sattelnase nach oben wie auch ein extremer Abfall der Sattelnase peinigen ihre Nutzer. Zur groben Orientierung sollte der Sattel in die waagerechte Position gebracht werden und je nach Sattelform einen Hauch nach unten zeigen. Dass hier ein Millimeter Abweichung schon eine sehr große Auswirkung hat, wird ein jeder merken, sobald die Position verändert wird.

Wichtig ist es, die neu erworbene Position ausgiebig bei längeren Ausfahrten zu testen, denn nur vom kurzen Testsitzen oder einer 100-Meter-Fahrt kann kein Urteil gefällt werden.

Einfluss auf die Sitzhöhe

VERKÜRZTE ISCHIOCRURALE MUSKULATUR	Sitz tiefer stellen	mehr Spannung im Quadriceps
SCHMERZ RETROPATELLAR	Sitz erhöhen	Entspannung Quadriceps
VERKÜRZTER HÜFTBEUGER	Sitz erhöhen	Oberschenkelfaszie entspannt

SITZGEOMETRIE

Die Sitzgeometrie kann getrost den Rahmenbauern überlassen werden. Ein Bikefitter sollte hier im Idealfall mit entsprechenden Firmen zusammen arbeiten. Jedoch bedeutet eine perfekt auf den jeweiligen Radfahrer angepasste Sitzposition noch nicht, dass zwangsläufig ein optimales Fahrverhalten entsteht: So kann eine Sitzposition nicht beliebig verlängert oder verkürzt werden, ohne dass es Einfluss auf das Bikehandling nimmt.

Beispielsweise führt ein sehr kurzer Vorbau zu einem sehr wendigen Rad, während ein sehr langer Vorbau einen guten Geradeauslauf, aber schlechtes Kurvenverhalten nach sich zieht. Liegt das Ende des Vorbaus weit vor dem Steuerrohr, so gibt es ein ruhigeres Laufverhalten, ist hingegen ein kurzer Vorbau montiert, so wird das Fahrverhalten instabiler. Auch Sitzrohrwinkel und Steuerrohrwinkel sind wichtige Komponenten, die auf die individuellen Bedürfnisse abgestimmt werden müssen.

Die Oberschenkellänge sollte natürlich ebenso zu der Geometrie des Rades passen. Hier kann über das Knielot kontrolliert werden, ob die Abstände ausreichend sind. Hierzu sollte die Kurbel mit Pedale in die waagerechte (drei Uhr) Position gebracht werden, während der Fuß gerade gehalten wird. Das Lot von der Kniescheibe sollte für eine neutrale Position ganz kurz vor der Pedalachse liegen, für mehr Kraftübertragung weiter vor der Achse und bei Knieproblemen hinter der Pedalachse landen.

Die ideale Geometrie ist dabei natürlich abhängig von den Bedürfnissen des jeweiligen Radlers, denn jedes Rad ist für unterschiedliche Einsatzbereiche konzipiert. Ein Mountainbike im Endurobereich verlangt eine andere Geometrie als ein Cityflitzer. Allgemein sollte jedoch darauf geachtet werden, dass man auf dem Fahrrad nicht nur gut aussieht, sondern eine den individuellen Körperabmessungen entsprechend perfekte Haltung einnimmt.

Da Größenangaben der Räder sich nur auf das Sitzrohr beziehen, das Oberkörpermaß aber nicht berücksichtigen, bleibt die Oberrohrlänge ein wichtiger Parameter, welcher vor dem Kauf herangezogen werden sollte.

TRITTTECHNIK

Die optimale Tritttechnik ist abhängig von mehreren Faktoren. Werden etwa Klickpedale oder gewöhnliche Flachpedale verwendet? Wie schaut es mit der Beweglichkeit im Sprunggelenk aus? Gelingt es, den »runden Tritt« auszuführen?

Wie es um den Wirkungsgrad des Tritts bestellt ist, hängt ab von der Trittfrequenz, der Muskulatur und Kraft des Radfahrers sowie von seinem Gewicht. Die Beckenbeweglichkeit hat ebenso einen großen Einfluss. Ist hier die Beweglichkeit eingeschränkt, so ist der Wirkungsgrad der Muskulatur schlechter, wofür sich unser fasziales System mitverantwortlich zeigt. Die Faszien überdecken den gesamten Körper, bieten ihm Stabilität, können bei zu wenig Beweglichkeit aber die Funktionalität beeinflussen. Somit sollte die Sitzposition genau auf die individuelle Funktionalität angepasst sein, um eventuelle Schmerzen und Ausweichbewegungen zu vermeiden. Zusätzlich ist dann ein funktionelles Training zu empfehlen, um die Defizite nicht nur für das Radeln auszugleichen, sondern auch um im Alltag die Körperhaltung und die Beweglichkeit zu verbessern. Um diese Ungleichgewichte überhaupt erst ans Tageslicht zu fördern, ist der Check bei entsprechenden Therapeuten/Bikefittern sicher unerlässlich.

Je nach individueller Ausprägung gibt es folglich auch unterschiedliche Wirkungsgrade. Je besser das Zusammenspiel der sechs Muskelgruppen

- Tibialis anterior
- Gastrocnemius
- Ischiocrurale Muskulatur (besonders: Bizeps femoris)
- Rectus femoris
- Vastus lateralis
- Gluteus maximus

ausgeprägt ist (siehe Zeichnung) und umso flexibler das Becken mitschwingt, umso besser wird die Kraftübertragung und der Wirkungsgrad sein.

Wer sich abseits alltäglicher Fahrten mit dem Rad für echten Radsport interessiert, der kann seinen Wirkungsgrad sogar individuell mit Leistungsmessgeräten kontrollieren. Diese sind entweder in der Kurbel, in den Pedalen oder der Hinterradnabe integriert. Einige Systeme messen sogar die unterschiedliche Leistung von linkem und rechtem Bein, sodass daraus Rückschlüsse auf muskuläre Ungleichgewichte oder Beckenschiefstände gezogen werden können (z. B. power2max, SRM, Garmin)

Natürlich hat nicht nur unser Körper einen Einfluss auf die Tritttechnik, sondern auch unsere Sitzposition. Sitzhöhe, Sitzposition im Verhältnis zum Tretlager und damit natürlich auch die Rahmengeometrie und die Kurbellänge sind unter anderem Faktoren, die hier mitentscheidend sind. Die Koordination ist ein weiterer Punkt, der die Tritttechnik beeinflusst. Denn selbst optimale muskuläre Voraussetzungen bedeuten nicht automatisch, gleich mit einer hohen Trittfrequenz fahren zu können. Deswegen wird die Trittfrequenz gerade im Kinder- und Jugendtraining besonders geschult. Es gehört zu den koordinativen Fähigkeiten, einen runden Tritt auch bei hoher Trittfrequenz umzusetzen. Diese Bewegungsabfolge zu lernen, benötigt entsprechend Zeit, Geduld und intensives Training. Natürlich kann auch im höheren Alter der funktionelle Tritt erlernt werden. Diese Bewegungsabfolge kann man vielleicht mit der koordinativen Laufschule beim Lauf-ABC vergleichen. Eine niedrige Trittfrequenz ermüdet die Muskulatur schneller und führt möglicherweise schneller zu Ausweichbewegungen, um sich die fehlende Kraft beispielsweise aus dem unteren Rücken zu holen. Das wiederum kann Folgesymptome wie Knie- oder Rückenprobleme nach sich ziehen.

Eine optimale Trittfrequenz liegt bei 80–100 U/min. Im »dicksten« Gang an der Ampel auch bei kürzeren Ausfahrten zu starten, kann sich mit schmerzenden Knien rächen. Sind die Kurbelarme recht lang (175 mm), so tendiert der Radler eher dazu, mit einer niedrigen Frequenz zu fahren. Bei kürzeren Kurbeln muss zwar hochfrequenter getreten werden, das setzt aber voraus, dass man das auch koordinativ bewerkstelligen kann. Hier heißt es also ausprobieren und üben.

Bei gewöhnlichen Flat-Pedalen fällt die Zugphase in der Kurbelumdrehung weg, somit sind weniger Muskelgruppen im Einsatz, die beanspruchte Muskulatur verbraucht mehr Energie. Dies kann zu schnellerer Ermüdung führen – ist aber auch im Alltag praktischer, da nicht extra Radschuhe zum Pedalieren angelegt werden müssen. Wer etwa morgens ins Büro fährt, möchte meist am liebsten direkt mit gepflegten Halbschuhen oder gar Pumps

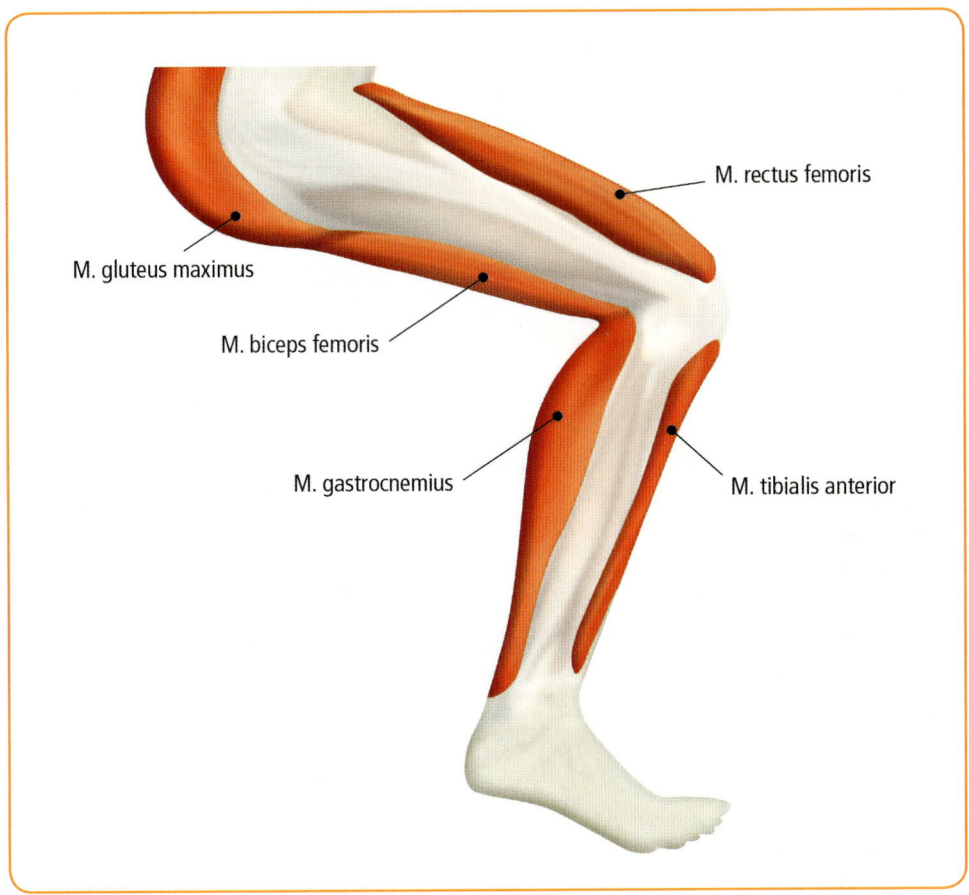

starten. Beides ist auf kürzeren Strecken natürlich entspannt möglich. Spezialausrüstungen wie etwa Klicksysteme ergeben hingegen im Sportbereich Sinn – und sollten in Ruhe eingeübt werden: Der Sturz an der Ampel ist anderenfalls beim ersten Einsatz fast obligatorisch! Wer auf alle Eventualitäten vorbereitet sein möchte, kann sich deshalb direkt bei einem Fahrtechnikkurs anmelden. Dort kann der sichere Umgang mit diesen Pedalsystemen auch im Straßenverkehr erlernt werden.

△ *Gesund kann auch lecker aussehen!*

Ausgleich für den Ausgleich – Liegestütz und Blattspinat

Nur Radfahren ist schön. Ein bisschen (gedehnte) Muskulatur und flotte Ernährung sind noch schöner.

ERNÄHRUNG

Kommen wir jetzt zum religiösen Teil dieses Buches: der Frage nach der richtigen Ernährung. Denn wo es ein »Richtig« gibt, da muss es auch ein »Falsch« geben. Und das wiederum ändert sich in schöner Regelmäßigkeit. Früher war ein saftiges Steak der Inbegriff von reichhaltiger und somit »guter« Ernährung, das Hühnerei rundete das übliche »Brötchen mit Marmelade«-Frühstück ab, und Soßen wurden mit Sahne erst so richtig schön cremig. Inzwischen kennt jeder seinen Cholesterinspiegel, die meisten Zeitungen haben ihre Ernährungsberaterecke, Crème Fraîche wird mit schlechtem Gewissen konsumiert – aber dicker wird die deutsche Bevölkerung trotzdem.

Wir haben deshalb hier nicht vor, Sie mit einer weiteren Ernährungstabelle zu langweilen, die je nach Mode erklärt, man müsse in allererster Linie Brot und Getreide essen oder jene Produkte unbedingt meiden und stattdessen irgendeine Wunderpflanze aus südamerikanischen Urwäldern zu sich nehmen, um bis in alle Zukunft jung, schlank, sportlich und erfolgreich zu sein.

△ *Am schönsten: Kauf direkt vom Bauern.*

Stattdessen sei nur auf zwei Grundsätze hingewiesen: die Psyche und die Industrie. Wenn wir alle immer nur äßen, wann und worauf wir wirklich Hunger hätten, wäre niemand dick. Stattdessen legt sich jedoch der Arm der Emotionen um des Menschen Schultern: mal suchen uns Trauer oder Wut heim, dann wieder Langeweile oder Angst, und zum Schluss vielleicht Stress oder Einsamkeit. Dagegen behilft sich der eine mit Zigaretten, der nächste mit Alkohol und die meisten mit Essen. Dabei sollte es schon möglichst fett oder süß hergehen – wohl kaum jemand hat bislang den Verlust seiner großen Liebe mit einem mächtigen Teller Karottensalat verschmerzt. Schokolade und Chips hingegen sind beliebte Freunde in der Not, stellen keine dummen Fragen und sind immer erreichbar, wenn man sie braucht. Unangenehmer Nebeneffekt: Sie unterstützen nach Kräften bei der Gewichtszunahme und liefern einen weiteren Grund, sich noch schlechter zu fühlen. Das nächste Stück Schwarzwälder Kirschtorte muss helfen, die bereits begangenen Sünden zu vergessen.

Hier ist nicht der Platz, um sich im Detail mit den Ursachen oder gar mit Hilfestellungen unser oftmals gefühlten Misere auseinanderzusetzen, deshalb nur ein kurzer Tipp[1]: Beginnen Sie ab heute, nur dann zu essen, wenn Sie wirklich Hunger haben, essen Sie langsam und kauen jeden Bissen mehrfach – und hören Sie sofort auf zu essen, sobald Sie satt sind. Egal, ob der Teller noch nicht leer ist, die Arbeit gerade keine Freude macht oder außer dem Fernseher niemand

---

1 Für tiefer gehende Beschäftigung siehe z. B. Reto Wyss. Klopf Dich schlank, erschienen bei Weltbild.

zu Hause ist, mit dem man sein Leben teilen könnte.

Im zweiten Schritt beginnen Sie darauf zu achten, was Sie essen. Die Nahrungsmittelindustrie hat Großes geleistet, um uns Zeit zu sparen und – falls gewünscht – auf eine Kücheneinrichtung jenseits der Mikrowelle weitestgehend verzichten zu können. Fertiggerichte sind praktisch, man kann sie ohne großes Nachdenken schnell erhitzen, auf den Teller werfen und in wenigen Minuten verputzen. Und so innerhalb kürzester Zeit ein maximales Maß an Kalorien bei minimalem Nährwert und kaum messbarem Genuss aufnehmen.

Es ist beeindruckend, wie viele künstliche Geschmacksverstärker, Farbstoffe und Zucker in beinahe jedem verarbeiteten Produkt Unterschlupf finden. So muss es für die Extraportion Zucker durchaus nicht gleich der Schokoladenriegel sein. Man findet ihn zum Beispiel auch in Joghurts, Sojamilch, Säften, oft sogar in Dosengemüse! Das entspricht durchaus unserem auf süß trainierten Geschmacksempfinden. Leider schmeckt Zucker jedoch nicht nur süß, sondern verhält sich im Übrigen ganz und gar uncharmant: Ein hoher Zuckerkonsum macht dick, krank, alt, hässlich, aggressiv und emotional labil. Das klingt garstig – und ist es auch. Zucker lässt die Zellen altern, sodass es schneller zu Faltenbildung kommt und man sich weniger merken kann. Er sorgt für ständige Entzündungsherde im Körper, die – egal ob spürbar oder nicht – das Immunsystem in ständiger Alarmbereitschaft halten. Dadurch entstehen zahlreiche aggressive Verbindungen im Körper, die dann Krankheiten wie Arthrose, Diabetes Typ II, Herzinfarkt, Krebs, Schlaganfall und Alzheimer begünstigen können.

Und jetzt die gute Nachricht: Der Satz, dass alles, was Spaß macht, entweder verboten ist oder dick macht, stimmt nicht. Wer Lust auf einen trainierten Körper hat, in dem die Muskeln mit den Sehnen spielen, wem Aufstehen und aktiv in den Tag starten Freude bereitet, und auf den (Tusch!) ein Fahrrad nur darauf wartet, durch die Gegend pedaliert zu werden – der kann unterstützend auch seinen Geschmack ein wenig umtrainieren. Gewinnen Sie die Freude an gutem Essen zurück – und kochen schlicht wieder selbst. Das muss kein mehrstündiges Menü sein, das einen noch zusätzlich unter Leistungsdruck setzt. Werfen Sie einfach mal ein bisschen Gemüse in die Pfanne, streuen Chili, Zimt und Ingwer darüber – und schon haben Sie drei Wünsche auf einmal erfüllt: Es schmeckt, erfreut den Körper und hat wenig Kalorien! Auch ein süßer Abschluss ist drin, zum Beispiel mit einem extra lange gekochtem Reis-/Trockenobstmix samt Zimthaube. Guten Appetit! [2]

> Eine Möglichkeit, Übergewicht zu errechnen, ist der BMI. Er setzt jedoch lediglich Körpergröße und Gewicht in Relation, sodass ein Bodybuilder mit erheblicher Muskelmasse schon mal als übergewichtig durchgehen kann. Für die meisten Menschen gibt die Formel jedoch einen ersten und guten Anhaltspunkt:
> BMI = Körpergewicht dividiert durch die Körpergröße zum Quadrat. Ein Mensch mit 80 Kilogramm Gewicht und einer Körpergröße von 1,85 Metern hat also einen BMI von 23,4 ($80/1{,}85^2 = 23{,}4$).

---

[2] Wer mehr über die Grundlagen einer sportlichen Ernährung wissen oder auch einfach Rezepte ausprobieren möchte, dem sei die Seite »www.zentrum-der-gesundheit.de« wärmstens empfohlen.

Etwas genauere Hinweise gibt der Körperfettanteil. Dieser lässt sich mit vielen modernen Waagen bereits auch zu Hause messen.

Körperfettanteil

ALTER (JAHRE)	FRAUEN				MÄNNER			
	niedrig	normal	hoch	sehr hoch	niedrig	normal	hoch	sehr hoch
20–39	< 21 %	21–33 %	33–39 %	≥ 39 %	< 8 %	8–20 %	20–25 %	≥ 25 %
40–59	< 23 %	23–34 %	34–40 %	≥ 40 %	< 11 %	11–22 %	22–28 %	≥ 28 %
60–79	< 24 %	24–36 %	36–42 %	≥ 42 %	< 13 %	13–25 %	25–30 %	≥ 30 %

BMI-Tabelle (Einteilung nach WHO)

KATEGORIE	BMI
Untergewicht	weniger als 18,5
Normalgewicht	18,5–24,9
Übergewicht	25–29,9
Starkes Übergewicht (Adipositas Grad I)	30–34,9
Adipositas Grad II	35–39,9
Adipositas Grad III	40 oder mehr

Quelle: (WHO 2008)

BMI-Tabelle Frauen

ALTER	UNTER-GEWICHT	NORMAL-GEWICHT	LEICHTES ÜBERGEWICHT	ÜBERGEWICHT
16 Jahre	< 18	19-24	25-28	> 29
17 Jahre	< 19	20-25	26-29	> 30
18 Jahre	< 19	20-25	26-29	> 30
19-24 Jahre	< 19	20-25	26-29	> 30
25-34 Jahre	< 20	21-26	27-30	> 31
35-44 Jahre	< 21	22-27	28-31	> 32
45-54 Jahre	< 22	23-28	29-32	> 33
55-64 Jahre	< 23	24-29	30-33	> 34
65-90 Jahre	< 24	25-30	31-34	> 35

BMI-Tabelle Männer

ALTER	UNTER-GEWICHT	NORMAL-GEWICHT	LEICHTES ÜBERGEWICHT	ÜBERGEWICHT
16 Jahre	< 18	19-24	25-28	> 29
17 Jahre	< 18	19-24	25-28	> 29
18 Jahre	< 18	19-24	25-28	> 29
19-24 Jahre	< 18	19-24	25-28	> 29
25-34 Jahre	< 19	20-25	26-29	> 30
35-44 Jahre	< 20	21-26	27-30	> 31
45-54 Jahre	< 21	22-27	28-31	> 32
55-64 Jahre	< 22	23-28	29-32	> 33
65-90 Jahre	< 23	24-29	30-33	> 34

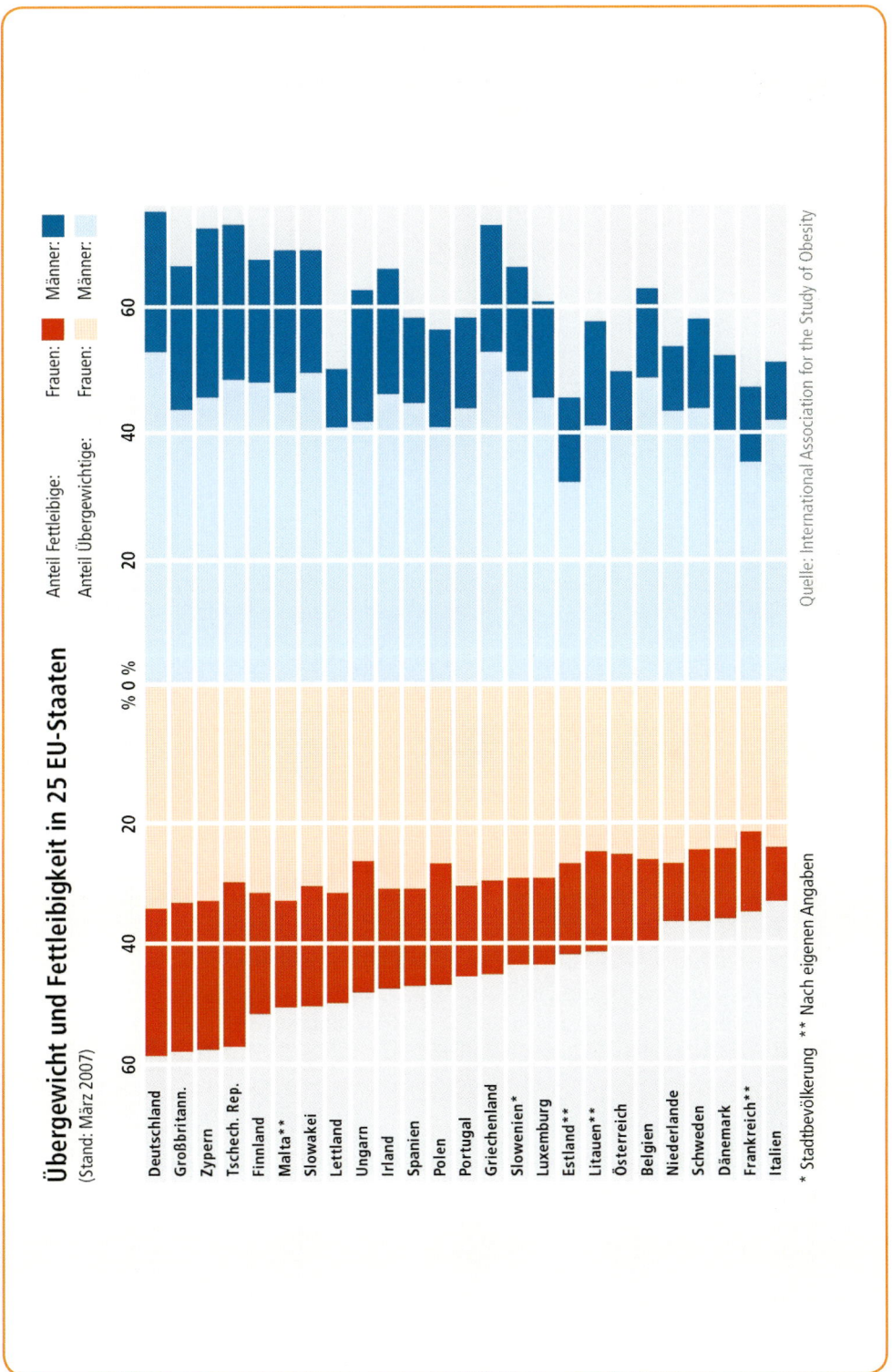

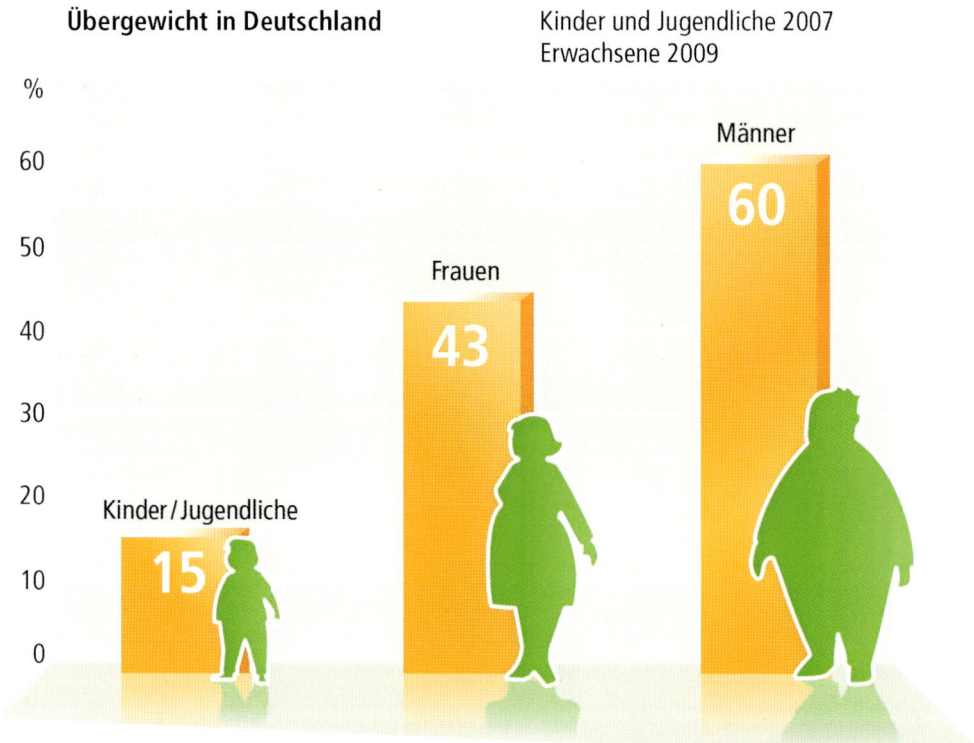

Quelle: Erwachsene: Statistisches Bundesamt (Destatis) 2009, Kinder und Jugendliche: KiGGS-Studie-Robert-Koch-Institut 2007

Die Höhe des Blutzuckerspiegels beeinflusst Stimmung, Denkvermögen und Aufmerksamkeit. Eine regelmäßige Zufuhr von Kohlenhydraten hält den Blutzuckerspiegel konstant und verhindert damit Leistungsabfall und Konzentrationsschwäche. Da das Gehirn keinen Energiespeicher hat, muss es permanent mit Glucose, der kleinsten Einheit unter den Kohlenhydraten, »gefüttert« werden. Das bedeutet indes nicht, dass man ständig Zucker essen sollte! Komplexe Kohlenhydrate erfüllen bessere Dienste. Sie bestehen aus langen Ketten und werden im Verdauungstrakt langsam zu Glucose abgebaut. Das hat den Vorteil, dass die Glucose erst nach und nach ins Blut gelangt und dem Gehirn kontinuierlich zur Verfügung steht.

STRETCHING

Gut ernährt ist ja nun schon einmal halb gewonnen. Was jetzt noch fehlt, hieß früher »Dehnen« und nennt sich jetzt auf Neudeutsch »Stretching«. Geben Sie den Übungen auf jeden Fall einen motivierenden Namen, der Sie erfreut auf die Matte treten lässt. Denn schließlich wollen Sie stunden-, vielleicht sogar tagelang mit Ihrem Rad durch die Gegend fahren – aber anschließend nicht buckelig wie die Hexe aus Hänsel und Gretel daher kommen, sondern geschmeidig wie ein Katze vom Sattel springen.

Stretching ist eine Wohltat für Muskeln und Gelenke, lässt sie geschmeidiger und beweglicher werden. Hier zeigen wir Ihnen einige besonders wirksame Übungen – die teilweise mit einem Kräftigungsimpuls verbunden sind. Denn schließlich trainiert das Radfahren zwar die Bein- und Pomuskulatur, Bauch und Rücken wollen aber auch gestärkt werden.

▲ **Ziel:** Dehnung der rückwärtigen Nackenmuskulatur
Ausführung: im Stand, Bauchspannung, kein Hohlkreuz, mit beiden Händen in den Nacken greifen und langsam den Kopf maximal in Richtung Brust führen, dort halten, anschließend den Kopf gegen den leichten Druck der Hände zur Ausgangsstellung zurückführen
Dauer: mindestens 30 Sekunden, drei Wiederholungen

▲ **Ziel:** Dehnung der Brustmuskulatur, Mobilisierung des Schulterbereichs
Ausführung: aus dem hüftbreiten Stand mit angespannter Bauch- und Gesäßmuskulatur die Arme gestreckt maximal nach hinten führen; die Hände sind dabei zusammen
Dauer: mindestens 30 Sekunden halten

RADHALTUNG

◄ **Ziel:** Dehnung der seitlichen Nackenmuskulatur
Ausführung: im Stand, Bauchspannung, kein Hohlkreuz, mit einer Hand über den Kopf greifen und langsam den Kopf maximal in eine Seitneigung bringen, dort halten und nun zusätzlich noch den anderen Arm unter Spannung nach unten (Richtung Boden) schieben; anschließend den Kopf vorsichtig zur Mitte zurückführen
Dauer: mindestens 30 Sekunden, jede Seite drei Mal

▲ **Ziel:** Dehnung der Rückenstrecker und des Schultergürtelbereichs
Ausführung: Sitz auf den Fersen, Oberkörper auf der Matte ablegen, die Arme sind in maximaler Streckung, die Kleinfingerkante liegt auf der Matte, der gesamte Oberkörper ist in aktiver Streckung, das Gesäß soll in optimaler Position auf den Fersen Kontakt haben – eventuell mit einer Rolle oder einem Kissen unterlagern
Dauer: mindestens eine Minute halten, zwei Durchgänge

▲ **Ziel:** Dehnung der rückwärtigen Oberschenkel, Dehnung der Rückenstrecker und Schulterregion
Ausführung: aus der Hocke die Hände schulterbreit auf dem Boden abstützen, dann die Beine in die Streckung bringen, nach Möglichkeit die Fersen zum Boden drücken, der Bauch ist dabei angespannt
Dauer: drei bis acht Atemzüge lang halten, Knie kurz beugen zur Entspannung, dann erneut in die Dehnung gehen, drei Wiederholungen

▲ **Ziel:** Dehnung der rückwärtigen Ketten
Ausführung: Beine gestreckt aufstellen, die Fersen möglichst zum Boden drücken, Kopf hängt entspannt zwischen den gestreckten Armen
Variante: Belastung auf einem Bein möglichst auf der Fußaußenkante; mit den Füßen langsam Richtung Hände bewegen, bis die Streckung der Beine nicht mehr gehalten werden kann
Dauer: jede Position mindestens zehn Sekunden halten

◀ **Ziel:** Dehnung der vorderen Oberschenkelmuskulatur
Ausführung: aus dem Kniestand einen Fuß vorn aufstellen, sodass ungefähr 90 Grad im Knie und Hüfte entstehen, mit der gleichseitigen Hand zum hinteren Fuß greifen und diesen an den Oberschenkel ziehen
Dauer: mindestens 30 Sekunden halten, jede Seite drei Mal

◀ **Ziel:** Mobilisation der Wirbelsäule – Katzenrücken bzw. Pferderücken
Ausführung: aus dem Vierfüßlerstand die Wirbelsäule in die Hohlkreuzposition bewegen (oberes Bild), dann in die entgegengesetzte Richtung einen »Katzenbuckel« machen und maximale Rundrückenhaltung einnehmen
Dauer: langsame dynamische Mobilisation, mindestens drei Mal in jede Richtung

▲ **Ziel:** Stabilisation des Beckens und der Beinachsen; Koordinationsschulung
Ausführung: aus der Schrittstellung einen Fuß vorn aufstellen, sodass ungefähr 90 Grad in Knie und Hüfte entstehen, das hintere Knie fast bis zum Boden absenken; auf der Seite des hinteren Beins den Arm maximal in Richtung Decke führen, den anderen Arm senkrecht nach unten in Position bringen
Dauer: dynamischer Wechsel der Arme und gleichzeitig der Schrittstellung, zehn Mal jede Seite, mit oder ohne zusätzliche Hantel

▲ **Ziel:** Dehnung der vorderen Brustmuskulatur, Mobilisation der Brustwirbelsäule
Ausführung: Rückenlage, Positionierung der Faszienrolle oder einer zusammengerollten Decke auf Höhe des unteren Schulterblattrands; Oberkörper ablegen, Arme zur Seite oder über den Kopf strecken; Füße sind angestellt
Dauer: Position mindestens 30 Sekunden halten

KRÄFTIGUNG

Empfehlung: Die Kräftigungsübungen nach dem HIIT-Prinzip durchführen!

HIIT (High Intensity Interval Training) ist eine intensive Trainingsmethode nach dem Intervallprinzip. Ein Durchgang dauert vier Minuten mit jeweils 20 Sekunden Belastung und zehn Sekunden Pause. Es können eine oder mehrere Übungen in einem Durchgang platziert werden.

◀ **Ziel:** Kräftigung der rückwärtigen Muskulatur – Gesäß, Rumpf
Ausführung: Unterarmstütz auf dem Pezziball, Oberkörper und Beine ergeben eine Linie
Dauer: eine Minute halten oder bis das Becken nicht mehr aufrecht in einer Linie gehalten werden kann; drei Durchgänge

▲ **Ziel:** thorakale Aufrichtung, Kräftigung der rückwärtigen Muskulatur
Ausführung: Bauchlage auf dem Ball; Gesäß ist maximal angespannt; Oberkörper und Beine ergeben eine Linie; Arme in U-Halte (90 Grad im Ellenbogen, 90 Grad im Schultergelenk, Schulterblätter zusammen ziehen)
Variante: mit Hanteln; Arme im Wechsel nach vorn strecken; dann auf jeder Seite fünf bis zehn Mal ausstrecken
Dauer: 20 bis 30 Sekunden halten, drei Durchgänge

▲ **Ziel:** Kräftigung der Bauchmuskulatur, Schulterstabilität
Ausführung: Rückenlage, Beine in 90 Grad in Hüfte und Knie bringen, den unteren Rücken in die Unterlage drücken – es darf bei der Ausführung kein Hohlkreuz entstehen, Arme in 90-Grad-Streckung nach vorn bringen. Aus dieser Position die gestreckten Arme so weit über den Kopf führen, dass der Rücken noch am Boden bleibt; optimal: in maximaler Streckung
Dauer: Zehn Wiederholungen, drei Durchgänge

◀ **Ziel:** Schulung des Gleichgewichts, Kräftigung der Bein- und Beckenmuskulatur, Rumpfstabilität
Ausführung: ein Fuß auf den Jumper (alternativ: kleine Kiste), mit dem vorderen Fuß so weit nach vorn kommen, dass das Knie um ungefähr 90 Grad gebeugt werden kann; das hintere Knie berührt den Boden bei der Kniebeuge; Oberkörper aufrecht lassen, Arme gestreckt nach vorn
Dauer: fünf bis zehn Kniebeugen, Seitenwechsel

◀ **Ziel:** Kräftigung der Beckenregion, Oberschenkel, thorakale Aufrichtung
Ausführung: halbe Kniebeuge, Füße parallel und etwa hüftbreit, Kniegelenke über den Füßen; Arme sind gestreckt und möglichst hinter dem Kopf; Hilfsmittel: Stab oder Langhantel
Dauer: fünf bis zehn Kniebeugen, drei Durchgänge

▲ **Ziel:** Stabilisation von Becken und Rumpfregion
Ausführung: Unterarmstütz auf dem Jumper (alternativ: Kiste mit Kissen darauf), Ellenbogen sind unter dem Schultergelenk; ein Knie bis zum Jumper heranführen und berühren; dynamischer Wechsel von rechtem und linken Bein (Lauf-Simulation)
Variante: das Bein in Adduktion zum Jumper bringen, also über die Mittelachse des Körpers bringen
Dauer: zehn bis 20 Mal pro Seite, drei Durchgänge

◀ **Ziel:** Kräftigung der Abduktoren, Stabilisation des Standbeins
Ausführung: Band oberhalb der Außenknöchel anlegen; Becken gerade halten, Oberkörper anspannen; ein Bein nach außen drücken, nicht ganz zurück führen und das Band immer unter Spannung belassen
Dauer: 20 Sekunden Belastung, dann Seitenwechsel, drei Durchgänge

▲ **Ziel:** Kräftigung der schrägen Bauchmuskulatur unter Stabilisierung des Oberkörpers
Ausführung: aus Rückenlage die Beine in Hüfte und Knie um 90 Grad in die Beugung bringen, die Arme sind zur Seite abgespreizt; jetzt die Beine so weit abwechselnd nach rechts und links absenken, dass der untere Rücken nicht ins Hohlkreuz geht
Dauer: so lange, bis der untere Rücken die Position nicht mehr halten kann; dann fünf Wiederholungen auf jeder Seite mit zwei Dritteln der Maximaldauer, drei Durchgänge

◀ **Ziel:** Kräftigung von Beckenboden, Gesäß, Oberschenkeln und Rumpf
Ausführung: Schulterblätter und Nacken liegen auf dem Pezziball, die Beine werden in einer 90-Grad-Beugung im Knie aufgestellt, Oberschenkel und Oberkörper ergeben eine Linie, das Gesäß ist maximal angespannt
Dauer: so lange, bis das Becken nicht mehr in der Waagerechten gehalten werden kann, dann zehn Wiederholungen mit zwei Dritteln der Maximaldauer, drei Durchgänge

◀ **Ziel:** Gleichgewicht, Kräftigung der rückwärtigen Muskulatur – Gesäß, Rumpf
Ausführung: Unterarme in 90 Grad im Ellenbogen und Schulter auf den Ball bringen, Ellenbogen befinden sich unterhalb der Schulter; Oberkörper gerade, das Gesäß ist maximal angespannt, ein Bein gestreckt anheben
Dauer: so lange, bis das Becken nicht mehr waagerecht gehalten werden kann, dann zehn Wiederholungen mit zwei Dritteln der Maximaldauer, drei Durchgänge

▲ **Ziel:** Kräftigung der Rumpfmuskulatur und Arme
Ausführung: aus dem Stütz mit geradem Oberkörper die Ellenbogen beugen; Oberkörper und Beine ergeben eine Linie
Dauer: fünf Wiederholungen bzw. maximale Wiederholungszahl versuchen zu steigern (15–20 wären toll). Sobald der Körper nicht mehr gerade im Stütz gehalten werden kann, pausieren

◀ **Variante:** die Knie sind aufgestellt, sodass der Hebel kürzer und die Übung damit etwas leichter wird (sog. Frauenliegestütz)

▲ **Ziel:** Kräftigung der Oberschenkelmuskulatur, Beckenstabilität
Ausführung: mit dem Oberkörper den Pezziball an der Wand fixieren, so weit in die Hocke gehen, dass 90 Grad im Hüftgelenk und Kniegelenk erreicht werden, Position halten
Dauer: so lange, bis die Position nicht mehr gehalten werden kann, dann zehn Wiederholungen mit zwei Dritteln der Maximaldauer, drei Durchgänge

Mehr als ein Viertel aller Arbeitsausfälle durch Krankheit in Deutschland gehen auf Muskel- und Skeletterkrankungen (MSE) zurück, von denen knapp die Hälfte als Symptom Schmerzen im Rücken aufweisen: Obwohl die körperlichen Belastungen der Arbeitnehmer kontinuierlich abgenommen haben, bleibt der Rückenschmerz das Volksleiden Nummer eins. Seit 2005 sind die Fehlzeiten bei Muskel- und Skeletterkrankungen um fast ein Drittel angestiegen.

Radfahren

Vom Homo Bürostuhl zum Homo Zweirad – der Trainingsstart

GESUNDHEITS-UNTERSUCHUNG

Vor dem Trainingsbeginn ist es ratsam, sich erst einmal einer Voruntersuchung zu unterziehen, denn gerade Erkrankungen im Bereich des Herz-Kreislauf-Systems werden zu Beginn oftmals nicht wahrgenommen, weil sie sich langsam und über Monate bzw. Jahre hinweg entwickeln. Herz-Kreislauf-Erkrankungen können somit zu einem unkalkulierbaren Risiko werden. Da die Häufigkeit von Herzerkrankungen in der Bevölkerung zunimmt, sind diese Untersuchungen sehr zu empfehlen.

Bei dem Check-up sollte die Sporttauglichkeit geprüft werden und mit der Untersuchung des Herz-Kreislauf-Systems Krankheiten und Risikofaktoren ausgeschlossen werden.

Mit entsprechenden Therapie und Trainingsanpassungen ist es natürlich auch bei vorliegenden Erkrankungen (zum Bei-

spiel Bluthochdruck, Asthma bronchiale, Diabetes oder Übergewicht) möglich und empfehlenswert, Sport zu treiben – nur der Trainingsplan sollte dann individuell abgestimmt sein, um dauerhaft Leistungsfähigkeit und gute Gesundheit zu garantieren.

Für folgende Personengruppen empfiehlt sich entsprechend der Leitlinie der Deutschen Gesellschaft für Sportmedizin und Prävention (DGSP) eine vorhergehende Untersuchung:

- ▶ Gesundheitssportler ab dem 35. Lebensjahr (Anfänger, Wiedereinsteiger)
- ▶ Breitensportler bei Wettkampfteilnahme (z. B. Marathon) oder Trainingsumfang > 6 Std. / Woche
- ▶ Breitensportler vor einer Leistungsdiagnostik zur Trainingsplanung
- ▶ Gesundheitssportler mit Herz-Kreislauf-Krankheiten
- ▶ Kinder und Jugendliche mit auffälligen Befunden
- ▶ Sportarten mit besonderem Risiko
- ▶ Leistungssportler

LEISTUNGSDIAGNOSTIK

Mithilfe einer Leistungsdiagnostik kann die sportliche Leistungsfähigkeit unter Belastung ermittelt werden. Durch die Datenanalyse wird die momentane Belastbarkeit festgestellt, bzw. bei einem erneuten Test die Leistungsentwicklung. Man bekommt einen detaillierten Überblick über die aktuelle Ausdauerleistungsfähigkeit, das Pulsverhalten und die individuellen Stärken und Schwächen im Training. Die Details können über die Messungen der Atemgase (Spirometrie) und die Laktatkonzentration im Blut im Verhältnis zur erbrachten Leistung in Watt aufgezeigt werden.

Wer braucht also so eine Diagnostik? Unabhängig vom Alter wird analysiert, wie möglichst effektiv trainiert werden kann, ohne eine Überlastung insbesondere des Herz-Kreislauf-Systems zu riskieren. Wer nur auf sein Bauchgefühl beim Training hört, liegt oftmals mit seiner eigenen Einschätzung des Körpers gehörig daneben. Gerade Sporteinsteiger unterschätzen oder überschätzen oftmals die Belastungsintensität oder den -umfang.

Die Grundlage zur Optimierung und Steuerung des Trainings wird also durch diesen Test gelegt und eignet sich somit sowohl für Einsteiger und Gesundheitssportler mit Herz-Kreislauf-Erkrankungen als auch für leistungsorientierte Ausdauersportler.

FAHRSICHERHEITS-SEMINARE

Mit dem Rad sicher unterwegs sein: Bremsverhalten, Kurventechnik, Gleichgewichtsübungen, Verkehrsregeln.

Unsicher im Gelände oder auf der Straße, in der Kurve oder beim bremsen? Ein jeder stellt andere Ansprüche an sich in punkto Fahrtechnik. Dass Radfahren aber nicht gleich Radfahren ist, wird mit kleinen Gleichgewichtsübungen ziemlich schnell deutlich.

Niemand darf sich ohne Führerschein auf ein Motorrad setzen, auch beim Skifahren sind Skikurse nichts Neues, auf dem Rad meint oftmals ein jeder: Radfahren – kann ich! Doch wer hat schon einmal seine Bremsen zum Blockieren gebracht oder schnelle Richtungswechsel vollzogen, um zu wissen, wie sein Rad reagiert? Ist die erste Testsituation ein Autofahrer, der einen übersehen hat, ist es oftmals zu spät. Unabhängig davon, ob man seine Künste im Gelände erlernen oder verbessern oder einfach nur sicher im Straßendschungel von A nach B gelangen möchte – Fahrtechniktraining ergibt immer Sinn.

Dass eine bessere Fahrtechnik nicht nur sicherer macht, sondern auch Kräfte spart, wird gerade auf Abfahrten deutlich. Die einen gleiten entspannt dahin, die anderen sitzen verkrampft auf dem Rad und stehen unter totaler Anspannung. Besonders auf langen Touren lässt sich mit einer sicheren und entspannten Abfahrtshaltung der Sturz vermeiden und viel Energie einsparen.

Wie in Skikursen gibt es auch bei Fahrtechnikseminaren Einstufungen vom Einsteiger bis zum ambitionierten Radsportler, sodass sich jeder auf seinem Level weiterentwickeln kann.

Mancher muss jedoch noch vor dem Fahrtechnikseminar ansetzen: Wer zugibt, nicht Radfahren zu können, wird meist abschätziges Erstaunen ernten. Dabei gibt es viele (gute) Gründe, warum man nie gelernt hat, ein Velo sicher zu steuern: Was nach dem Krieg die Regel war, gehört auch heute dank Langzeitarbeitslosigkeit und Hartz IV leider wieder zum Alltag: Viele Familien haben schlicht kein Geld, um ihrem Kind ein Rad zu kaufen. Andere wiederum kommen aus Kulturen, wo Radfahren für Frauen oder sogar ganz allgemein nicht angesehen ist. Wieder andere hatten womöglich vor Jahren einmal einen schweren Radunfall und trauten sich seither nicht mehr aufs Velo.

Peinlich muss es also niemandem sein, (noch) nicht Radfahren zu können – und zum Glück gibt es Abhilfe. So können auch Erwachsene in diversen Radfahrschulen ler-

nen, sich auf einem Velo sicher zu bewegen. Wie bei einer gewöhnlichen Fahrschule auch, unterrichten hier erfahrene Lehrer in Theorie und Praxis – und entlassen ihre Schüler schon nach wenigen Wochen in Richtung sichere Fahrt. Eine Schule in Ihrer Nähe finden Sie zum Beispiel über den ADFC oder durch eine einfache Suchanfrage im Internet.

Untoter Winkel

Es geistert ein Gespenst durch den deutschen Verkehr: der sogenannte tote Winkel bei Lastwagen. Halbe Schulklassen sollen sich verstecken lassen in diesem Bermudadreieck rechts und links der Tür eines jeden Lkw. Und tatsächlich hält die Fuhrgewerbeinnung immer noch Informationsveranstaltungen an Schulen mit entsprechendem Inhalt ab. Tatsächlich existiert der tote Winkel zwar noch, aber durch technische Aufrüstung ist er mittlerweile eigentlich tot. Seit 2009 nämlich müssen EU-weit Lkw ab 3,5 Tonnen mit zusätzlichen Spiegeln ausgerüstet sein. Mit dem Frontspiegel sieht der Fahrer den Bereich vor seinem Führerhaus, mit dem Rampenspiegel kann er einen zwei Meter großen Bereich direkt neben der Beifahrertür kontrollieren und mit dem Weitwinkelspiegel wird schließlich der gesamte Bereich des einstmals toten Winkels neben dem Fahrzeug abgedeckt. Alle drei Spiegel liegen dicht nebeneinander und lassen sich selbst durch einen kurzen, flüchtigen Blick erfassen.

Leider stellen zu viele Fahrer ihre Spiegel jedoch falsch ein. Das lässt sich sogar vom Laien überprüfen: man stelle sich schlicht als Fußgänger oder Radfahrer neben ein Fahrzeug und schaue in die Spiegel. Oft erkennt man dann alles Mögliche – aber nicht die Augen des Lkw-Lenkers selbst oder die Kopfstütze des Fahrersitzes, wenn der Lkw abgestellt ist. Und nichts zu sehen bedeutet, auch selbst nicht gesehen zu werden.

Selbst bei Polizeikontrollen nehmen viele Fahrer die so entstehende Gefahr nicht ernst und erklären etwa, das ginge sie nichts an, das mache ja die Werkstatt. Dabei geht es hier um Menschenleben: In den vergangenen Jahren verursachten Lkw-Lenker zum Beispiel in Berlin jeden dritten tödlichen Radfahrunfall! Statt weiter das Märchen vom sich hilflos blind vorantastenden Lastkraftwagen zu verbreiten, sollte es im Interesse aller Verkehrsteilnehmer darum gehen, endlich die vorhandene Rundumsicht zu nutzen. Dazu gehört nicht nur eine sorgfältige Einstellung der Spiegel, beispielsweise auf den eigens eingerichteten Spiegel-Einstellplätzen der DEKRA, sondern auch die Sensibilisierung der Fahrer.

Technik hin oder her: Ein Radfahrer sollte sich nie darauf verlassen, gesehen zu werden. Und auch wenn er im Recht ist, gerade in Kreuzungsbereichen stets bremsbereit sein.

ALLES, WAS RECHT IST!

Im Straßenverkehr – wie auch sonst im Leben – glauben die meisten Menschen, im Recht zu sein. Aber kennen Sie eigentlich die Straßenverkehrsordnung? Hier ein paar verbreitete Irrtümer und ihre Richtigstellung.

1. Radfahrer gehören auf den Radweg
Falsch! Im Regelfall können sie selbst entscheiden, wo sie lieber fahren möchten. Nur Radwege, die mit einem runden blauen Verkehrsschild gekennzeichnet sind, müssen genutzt werden.
§ 2 Abs. 4 Satz 2 StVO: Eine Pflicht, Radwege in der jeweiligen Fahrtrichtung zu benutzen, besteht nur, wenn dies durch Zeichen 237 (Radfahrer), 240 (Gemeinsamer Fuß- und Radweg) oder 241 (Getrennter Rad- und Fußweg) angeordnet ist.

△ »Radfahrerlollie« bzw. Zeichen 237

2. Kopfhörer sind verboten
Nein, Musikhören ist auch beim Radfahren erlaubt. Man darf die Lautstärke nur nicht so weit aufdrehen, dass die eigene Wahrnehmung eingeschränkt wird, also etwa Hupen oder Sirenen nicht mehr gehört werden. Das Gleiche gilt übrigens auch für Autofahrer – rollende Diskotheken entsprechen nicht der Straßenverkehrsordnung.

△ Radfahren mit Hund und Kopfhörer – erlaubt!

§ 23 Abs. 1 Satz 1 StVO: Wer ein Fahrzeug führt, ist dafür verantwortlich, dass seine Sicht und das Gehör nicht durch die Besetzung, Tiere, die Ladung, Geräte oder den Zustand des Fahrzeugs beeinträchtigt werden.

3. Nebeneinander fahren geht gar nicht
Doch! Zumindest in Fahrradstraßen ist das erlaubt oder in Verbänden von mindestens 16 Radfahrern. Einige Verkehrsrechtsexperten wie der Berliner Anwalt Christoph Krusch gehen sogar noch einen Schritt weiter und erklären, warum auch auf anderen Straßen nebeneinander Rad gefahren werden dürfe: Schließlich sollten Radfahrende einen Meter Abstand von der rechten Fahrbahnkante halten, um jederzeit möglichen Gefahren ausweichen zu können. Gleichzeitig müssen Autofahrer einen Abstand von 1,5 Metern beim Überholen einhalten – korrektes Überholen ist somit auf den meisten Straßen ohnehin nicht möglich, weshalb Radfahrende im Prinzip immer nebeneinander fahren können. Sie behindern damit ja niemanden.

§ 2 Abs. 4 Satz 1 StVO: Radfahrer müssen einzeln hintereinander fahren; nebeneinander dürfen sie nur fahren, wenn dadurch der Verkehr nicht behindert wird.

4. Rechts überholen ist verboten

An Ampeln oder im Stau dürfen Autos sehr wohl rechts überholt werden. Die Angst der Autofahrer um ihren Lack und Außenspiegel ist dabei meist unbegründet – schließlich vermeiden Radfahrende schon aus eigenem Interesse jeden direkten Kontakt. Denn was beim einen nur der Spiegel ist, wäre beim anderen der eigene Körper. Die von Kfz-Lenkern gern erhobene Forderung nach »gleichem Recht für alle« entbehrt auch hier jeder logischen Grundlage: Überholt ein Kraftfahrzeug ein Fahrrad, sind beide in Bewegung. Rollt ein Rad am Kraftfahrzeug vorbei, steht Letzteres sicher auf seinen vier Rädern und stellt keine Gefahr dar.

§ 5, Abs. 8 StVO: Ist ausreichender Raum vorhanden, dürfen Rad Fahrende und Mofa Fahrende die Fahrzeuge, die auf dem rechten Fahrstreifen warten, mit mäßiger Geschwindigkeit und besonderer Vorsicht rechts überholen.

5. Gehwege sind nur zum Gehen da

Nein, Kinder bis acht Jahre müssen sogar auf dem Gehweg fahren und künftig dürfen die Eltern ihre Sprösslinge auch dort begleiten. Eine Neuerung in der StVO besagt, dass eine Begleitperson ab 16 Jahren ein Kind bis zum achten Lebensjahr radfahrend auf dem Gehweg begleiten darf. Zudem dürfen Kinder unter acht Jahren ab sofort auch auf »baulich angelegen Radwegen« fahren. Gespannte Hundeleinen, ausfahrende Autos und querende Ladedienste sind für Kinder Gefahrenquellen, die sie überhaupt noch nicht erfassen können. Sie brauchen folglich die direkte Anleitung eines begleitenden Erwachsenen. Die Rechtslage wurde geändert. Zuvor galt die Regelung, dass Eltern via Gesetz auf dem Radweg oder der Straße fahren, während der Nachwuchs den Gehweg nutzen musste. So können radfahrende Eltern ihre Aufsichtspflicht im Straßenverkehr nun legal erfüllen.

§ 2, Abs. 5 StVO: Kinder bis zum vollendeten achten Lebensjahr müssen, ältere Kinder bis zum vollendeten zehnten Lebensjahr dürfen mit Fahrrädern Gehwege benutzen. Auf zu Fuß Gehende ist besondere Rücksicht zu nehmen. Beim Überqueren einer Fahrbahn müssen die Kinder absteigen.

Und ansonsten ...
- ... muss beim Abbiegen nicht die ganze Zeit der Arm rausgehalten werden. Einmal Richtungsänderung anzeigen reicht – danach kann entspannt mit beiden Händen am Lenker weitergefahren werden.
- ... dürfen auch Zebrastreifen mit dem Rad befahren werden. Sie sind dann lediglich kein Schutzbereich mehr.
- ... dürfen Hunde an der Leine mitgeführt werden, solange Letztere nicht um den Arm geschlungen, sondern locker in der Hand liegt.
- ... sind Radfahrer sichere Verkehrsteilnehmer. Die Mehrheit der Unfälle mit Radbeteiligung wird von Kfz-Lenkern verursacht. Letztere nehmen Radfahrenden zum Beispiel beim Abbiegen oft die Vorfahrt. Trotz dieser Gefährdung ist Radfahren in Berlin insgesamt sicher: 2012 etwa gab es in der Hauptstadt mehr als 130 000 Verkehrsunfälle – aber nur an gut 7000 waren Radfahrer beteiligt.
- ... dürfen auch Radfahrer nicht unbegrenzt Alkohol trinken. Ab einer Promillegrenze von 1,6 kann die Polizei eine »Medizinisch-Psychologische Untersuchung« (MPU) anordnen. Verweigert ein Radfahrer den Test oder fällt durch, verliert er seinen Führerschein.

Fit (wie) für die Tour de France – Trainingspläne für Durchstarter

Wer sich planlos in das neue Vergnügen Radfahren stürzt, hört leider schon oft bald wieder damit auf. Denn schließlich finden sich beim Trainingsneustart meist zwei Gruppen wieder: Die einen müssen sich erst zur Freude durchkämpfen und brauchen für die ersten Wochen einen Motivator. Ein Plan kann dann unterstützen dranzubleiben, bis sich kein innerer Schweinehund mehr zwischen die Speichen wirft. Die Begeisterung der anderen Gruppe hingegen ist gerade am Anfang so groß, dass sie die Pausen vergisst und es anschließend zu Ermüdungserscheinungen bis hin zu Schmerzen kommt. Es ergibt also Sinn, sich vor dem ersten Radausritt zu fragen, was für ein Typ man ist. Wollen Sie Wettkämpfe bestreiten oder Gesundheitssport betreiben, sich also einfach nur bewegen? Müssen Sie eher gebremst oder motiviert werden? Wollen Sie abnehmen oder etwas für Ihr Herz-Kreislauf-System machen? Möchten Sie im nächsten Urlaub die Alpen überqueren oder sich einer Trainingsgruppe anschließen?

Oftmals ist es hilfreich, mit einem individuellen Trainingsplan zu starten, da jeder Körper anders reagiert und Pauschalpläne nur einen Richtwert vorgeben können. In jedem Fall nutzt ein realistischer Blick auf den Ist-Zustand: Welche Stärken und Schwächen haben Sie, was sagt die Psyche, wie ist es um die körperliche Fitness bestellt? Auch wenn Sie eine baldige Weltumrundung als erstrebenswert festgelegt haben, gönnen Sie Ihrem Körper Zeit, sich zunächst einmal an den neuen Bewegungsablauf zu gewöhnen – und schauen Sie, wieviel Zeit Sie selbst in das Training investieren wollen. Schließlich muss Radfahren nicht immer in »Sport« ausarten – oftmals bringt auch schon der regelmäßig geradelte Weg zur Arbeit einen erheblichen Fitnessgewinn.

Begriffsdefinitionen

Extensive Intervalle: Als Intervallmethode wird der wiederholte Wechsel zwischen Belastungs- und aktiven Erholungsphasen innerhalb einer Trainingseinheit bezeichnet. Kennzeichen der *extensiven* Intervallmethode sind eher mittlere bis lange Belastungsabschnitte im Grundlagenausdauerbereich GA1 oder GA2 bzw. im extensiven Kraftausdauerbereich KA1, wobei die Dauer der Erholungsabschnitte circa halb so lang ist wie die der Belastung (s. Tabelle S. 119). Es ist darauf zu achten, dass die Erholungsphasen nicht zu einer vollständigen Wiederherstellung führen.

Intensive Intervalle: Kennzeichen der intensiven Intervallmethode sind kurze Belastungsabschnitte bei hoher Belastungsintensität (wettkampfspezifische Ausdauer WSA bzw. intensive Kraftausdauer KA2). Die Dauer der Erholungsabschnitte ist sehr kurz, sodass die Erholungsphasen nicht zur Wiederherstellung führen.

Dauertrainingsmethode: Die Dauertrainingsmethode wird vorwiegend zur Entwicklung der Grundlagenausdauerfähigkeit GA1 eingesetzt. Ausgeführt wird das Training bei mittleren Belastungen und beansprucht die meiste Zeit innerhalb des Gesamttrainingsumfangs.

Aerob / anaerobe Schwelle: Bezeichnet den Zeitpunkt, an dem der Körper die Energiegewinnung umschaltet, und zwar von der sauerstoffzehrenden (aeroben) Energiegewinnung auf die sauerstoffunabhängige (anaerobe) Glykogenumwandlung.

Der Umschaltpunkt lässt sich an der Milchsäurekonzentration (Laktat) im Blut ablesen. Die Energiegewinnung mit Sauerstoff (aerob) geschieht bei niedriger Milchsäurekonzentration (bis zu 2 mmol/l). Mit dem Wechsel zur sauerstoffunabhängigen Glykogenumwandlung entsteht ein Milchsäureüberschuss, der nicht mehr ausreichend abgebaut werden kann, und im Blut steigt die Milchsäurekonzentration an.

Die Laktatschwelle hat insofern eine Relevanz für die Trainingsgestaltung, da das Grundlagentraining darauf abzielt, diese Schwelle nach oben zu verschieben, damit im Wettkampf ein höheres Tempo im aeroben Stoffwechselbereich absolviert werden kann.

Grundlagentraining (GA1 und GA2): Den Grundlagenbereich kann man grob in zwei oder drei Bereiche unterteilen. Der Grundlagenbereich 1 (GA1) beschreibt immer einen extensiven Trainingsbereich bei circa 60 % der maximalen Ausdauerleistungsfähigkeit. Der GA1-Bereich ist dadurch gekennzeichnet, dass die Belastung für den Körper so niedrig ist, dass dieser ausreichend Zeit hat, um unter Zufuhr von Sauerstoff einen relativ hohen Anteil an Fetten zu verstoffwechseln. Im Gegensatz dazu steigt im GA2-Bereich der Anteil der verbrannten Kohlenhydrate gegenüber den Fetten deutlich an. Das Grundlagentraining ist im aeroben Ausdauertraining anzusiedeln.

KB (Kompensationsbereich): Intensitäten unterhalb des Grundlagenbereichs dienen der Regeneration und Kompensation (oder: ReKom), bringen aber zum Formaufbau keinen nennenswerten Trainingseffekt. Ein Trainingsreiz wird also nur dann gesetzt, wenn dieser eine gewisse Intensität hat.

EB (Entwicklungsbereich): Weiterentwicklung der Ausdauer, Verschieben der individuellen anaeroben Schwelle und damit erhöhte Laktattoleranz mithilfe der Intervallmethode; die Intensität liegt an der individuellen aerob-anaeroben Schwelle; keine vollständigen Pausen (lohnende Pausen)

TRAININGSGESTALTUNG

Trainingspläne werden in mehrere Phasen unterteilt und vom Ziel ausgehend rückwärts berechnet. Man spricht von Übergangsperiode (ÜP), Vorbereitungsperiode (VP1-3) und Wettkampfperiode (WP).

Periodisierung: Übergangsperiode (ÜP), Vorbereitungsperiode (VP1-3), Wettkampfperiode (WP).

VP1: Zehn bis zwölf Wochen, unspezifisch Grundlage (höchstens zwei Drittel der Umfänge der letzten WP), Erholung von WP prüfen, Verletzungen vermeiden, evtl. VP1 verlängern.

Trainingszyklus von zwei bis vier Tagen (drei Tage Training, ein Tag Regeneration), Ruhewoche = Training von 60 Prozent der letzten Belastungswoche, Umfänge von der ersten bis dritten Belastungswoche steigern Training in Alternativsportarten (Laufen, Schwimmen, koordinatives Training).

VP2: Sechs bis acht Wochen, extensive und intensive Intervalle an aerob/anaerober Schwelle, GA2.

GA1 zur Stabilisierung der aeroben Leistungskapazität (Beachte: Mit Training über mehrere Stunden im GA1-Bereich kann man einen ähnlichen Reiz setzen wie mit kurzen, wettkampfspezifischen Trainingsreizen – nach überstandenen Krankheiten und Verletzungen ist Vorsicht geboten!)

VP3: Drei bis vier Wochen, intensive Intervalle im GA2-Bereich, Kombi mit GA1 + KB zur schnellen Regeneration.

WP: Vier bis acht Wochen Reduzierung des Gesamttrainingsumfangs.

ÜP: Alternativsport bzw. komplette Pause ein bis zwei Wochen.

▶ Schnelligkeitstraining (ST): Umfangstraining wirkt dem ST entgegen, bei Sprints (vier bis acht Sekunden) werden motorische Einheiten im Muskel beansprucht, die beim Ausdauertraining nicht angesprochen werden. Für ältere Sportler gilt: Vorsicht! Hier lauert Verletzungsgefahr.

▶ Trainingsauswirkungen beachten: zum Beispiel die Anpassung von Muskeln und Bindegewebe – Letzteres braucht länger, was zur Gefahr von Überlastung der Bänder bei zu schnellen Umfangsbzw. Kraftausdauersteigerungen führt.

▶ Leistungsdiagnostik für Einsteiger: erkennen von Defiziten, gezielte Reize setzen, Körpergefühl bestätigen oder neu einschätzen.

Allgemeine Tipps für alle Einsteiger

Schaffen Sie eine solide Basis und fahren Sie noch keine Intervalle; 80 Prozent des Trainings sollte sich im Grundlagenausdauerbereich GA1 bewegen, 20 Prozent im aerob-anaeroben Schwellenbereich. Maximal fünf bis acht Stunden.
Beim Training in der Gruppe oder im Urlaub gilt: Vorsicht vor zu vielen Intensitäten! Wichtig ist, das Körpergefühl zu verbessern; Einsteiger können zunächst Puls- und Wattwerte zur Hilfe nehmen.

Einsteiger

Einsteiger sollten mit einem grundlagenorientierten Plan starten, um erst einmal eine Basis zu schaffen. Im zweiten Monat können dann die Umfänge gesteigert werden. Ist eine Grundlage gelegt, können auch intensivere Einheiten hinzugefügt werden (siehe zweiter Plan).

WOCHE	TRAINING	BELASTUNG	DAUER	BEMERKUNG
1	Rad	GA1	30 Min	Trittfrequenz 90 U/Min, flaches Terrain
	Funktionelles Training		1 Std	
	Rad	GA1	45 Min	Trittfrequenz 90 U/Min, flaches Terrain
2	Rad	GA1	45 Min	Trittfrequenz 90 U/Min, flaches Terrain
	Funktionelles Training		1 Std	
	Rad	GA1	1 Std	Trittfrequenz 90 U/Min, flaches Terrain
	Funktionelles Training		1 Std	
3	Rad	GA1	1 Std	Trittfrequenz 90 U/Min, flaches Terrain
	Funktionelles Training		1 Std	
	Rad	GA1	1:30 Std	Trittfrequenz 90 U/Min, flaches Terrain
	Funktionelles Training		30 Min-1 Std	
	Rad	GA1	1:30 Std	Trittfrequenz 90 U/Min, leicht welliges Terrain
4	Rad	KB	30 Min	Trittfrequenz 90 U/Min, flaches Terrain
	Funktionelles Training		30 Min-1 Std	
	Rad	GA1	30 Min	Trittfrequenz 90 U/Min, flaches Terrain
	Funktionelles Training		1 Std	

WOCHE	BELASTUNG	DAUER	BEMERKUNG
1	GA1/hohe TF	1 Std	5 x 1 Min GA2 mit 30 Sec P KB in der Mitte des Trainings
	GA1/hohe TF	1,5 Std	5 x 1 Min GA2 mit 30 Sec P KB in der Mitte des Trainings
	GA1	2,5 Std	
2	GA1/hohe TF	1 Std	5 x 1 Min GA2 mit 30 Sec P KB in der Mitte des Trainings
	GA1/hohe TF	1,5 Std	
	GA1-2	2,5 Std	2 x 5 Min GA2 mit 2 Min P KB
3	GA1/hohe TF	1 Std	
	GA1/hohe TF	1,5 Std	10 x 1 Min GA2 mit 30 Sec P KB
	GA1-2	3 Std	3 x 5 Min GA2 mit 2 Min P KB
4	GA1/hohe TF	1 Std	
	GA1/hohe TF	1 Std	
	GA1/hohe TF	1,5 Std	

Voraussetzung Bergtraining/Pässe fahren

Nichts ist frustrierender, als sich ein schönes Ziel gesetzt zu haben und dann aufgeben zu müssen. Wer also als Einsteiger Berge überwinden will, sollte zuvor folgende Checkliste durchgehen, ob auch alle Voraussetzungen erfüllt sind:

- ein stabiles Becken (für Bein- und Beckenstabilität sind Kniebeugen mit einer Langhantelstange sehr effektiv. Um Fehler in der Ausübung zu vermeiden, ist eine vorherige Anleitung empfehlenswert)
- ein flexibler Hüftbeuger, da dieser anderenfalls bei zu viel Spannung ein Hohlkreuz nach sich zieht (= Rückenschmerzen!)
- flexible Hamstrings (rückwärtige Oberschenkelmuskulatur): Sind diese zu starr, fixieren sie das Becken und vermindern die Kraftübertragung oder können dazu führen, dass es bei langen Anstiegen zu Schmerzen im unteren Rücken kommt
- ein stabiler Rumpf für einen aufrechten Oberkörper
- kein zu hoch eingestellter Sattel, da andernfalls das Becken nicht stabil gehalten werden kann und auf dem Sattel hin und her pendelt
- ein gutes Tempogefühl: In der Regel fahren gerade Anfänger zu schnell in den Anstieg und ermüden dann zusehends
- Übung im Intervalltraining an der aerob-anaeroben Schwelle zur Verbesserung der Laktattoleranz
- die Fähigkeit, ein gleichmäßiges Tempo zu fahren oder sich nach oben hin noch zu steigern
- die Angewohnheit, rechtzeitig zu schalten und vor allem bei einer Erhöhung der Steigung nicht zu denken: Das pack ich auch so! Bevorzugen Sie leichte Gänge, da im »dicken Gang« die Muskulatur schnell übersäuert und es zu Knie- und Rückenbeschwerden kommen kann
- die Übersetzung vorher anpassen: Kranz und Kettenblätter kontrollieren (sowohl beim MTB als auch beim Rennrad). Beim Rennrad empfiehlt sich eine Kompakt- oder Dreifachkurbel; ggf. kann die Kassette mit zusätzlichen Ritzeln bestückt werden
- besonders auf dem Rennrad darauf achten, die Arme und den Rumpf locker zu halten. Bei MTB-Touren und sehr technischem Gelände bergauf muss der Oberkörper mehr mitarbeiten, weshalb Mountainbiker zusätzlich mehr Stabilität in der Rumpfmuskulatur als Rennradfahrer benötigen
- damit die Muskulatur ausreichend mit Sauerstoff versorgt werden kann, empfiehlt es sich, beim Bergauffahren etwas aufrechter zu sitzen, damit die Zwerchfellatmung besser funktioniert (Bauchatmung). Ein breiter MTB-Lenker unterstützt positiv, Rennradfahrer sollten den Lenker möglichst weit außen umfassen: Je ruhiger der Oberkörper bleibt, desto mehr Sauerstoff steht für die Versorgung der Beinmuskulatur zur Verfügung
- sollte es in der heimatlichen Umgebung wenig Berge geben, lohnt es sich, Intervalle am Hügel zu fahren und durch viele Wiederholungen einen langen Anstieg zu simulieren. Fehlen Steigungen hingegen zur Gänze, eignen sich über längere Zeiträume Fahrten im GA2-Tempo gegen den Wind

GESUNDHEITSSPORTLER

Wer sich einfach gern bewegt und keine konkreten Ziele hat, kann trotzdem eine gewisse Struktur und Abwechslung in sein Training bringen. Denn Abwechslung bringt mehr Spaß und damit sicher auch eine Motivationssteigerung für die nächste Trainingseinheit. Im Vordergrund steht hier die Erhaltung und Verbesserung des Herz-Kreislauf-Systems.

Der Übersichtsplan ist auf drei Trainingseinheiten in der Woche ausgelegt und bereitet auf einen moderaten Radurlaub im flachen Gelände vor.

Gesundheitssportler drei Einheiten pro Woche. Radurlaubsvorbereitung zusätzlich 1–2x / Woche Rumpfstabilisation

WOCHE	TRAINING	BELASTUNG	GESAMTZEIT	TRITTFREQUENZ
1	6 x Antritte mit Maximalkraft	GA1-2	1 Std	90
	6 x Antritte mit Maximalkraft	GA1-2	1 Std	90
		GA1	2 Std	90
2	6 Antritte mit Maximalkraft	GA1-2	1 Std	90
	8 Antritte mit Maximalkraft	GA1-2	1 Std	90
	1 x 5 Min GA2	GA1	2 Std	90
3	6 Antritte mit Maximalkraft	GA1-2	1 Std	90
	2 x 5 Min GA2	GA1-2	90 Min	90
		GA1	2 Std	90
4		KB-GA1	1 Std	90
		KB-GA1	1 Std	90
	5 Antritte mit Maximalkraft	GA1	1,5 Std	90
5	8 Antritte mit Maximalkraft	GA1-2	1 Std	90
	1 x 10 Min GA2	GA1-2	1 Std	90
	wellig	GA1	2 Std	90
6	8 Antritte mit Maximalkraft	GA1-2	1 Std	90
	1 x 15 Min GA2	GA1-2	75 Min	90
	wellig-bergig	GA1	2 Std	90
7	8 Antritte max	GA1-2	1 Std	90
	1 x 20 Min GA2	GA1-2	1 Std	90
	wellig-bergig	GA1	2 Std	90
8	1 x 5 Min GA2	GA1-2	1 Std	90
		GA1	1 Std	90
		GA1	1 Std	90
Urlaubsstart ☺				

Gesundheitsoptimiertes Minimalprogramm

BELASTUNGSZEIT BRUTTO / WOCHE	BELASTUNGSDAUER	BELASTUNGSINTENSITÄT
3 Std / Woche	3 x 1 Std	GA1-2

LEISTUNGSORIENTIERTE SPORTLER

Um bei einem kleineren Wettbewerb zu finishen, braucht es keinen strukturierten Plan, nur regelmäßiges Training zwei bis drei Mal pro Woche. Bei definierten Zielen oder längeren Wettbewerben wie zum Beispiel einer Alpenüberquerung als Wettkampf oder Urlaubstour ergibt ein Plan jedoch Sinn, da er hilft, sich optimal auf einen bestimmten Zeitpunkt hin zu vorzubereiten sowie Beruf und Familie mit dem Sport unter einen Hut zu bringen.

Wichtig ist in jedem Falle ein funktionelles, individuell angepasstes Training, um Muskeldysbalancen auszugleichen sowie Muskelgruppen zu kräftigen und zu dehnen (Übungen dazu siehe 3.III. b und c).

Programmgestaltungsmöglichkeiten für das Training
- Abfolge in Serien
- Pause zwischen den Teilstrecken / Verhältnis zwischen Belastung und Pause: 2:1 oder 3:1
- Begrenzung der Belastung durch Strecke oder Zeit
- Intensität: gewisser Prozentsatz einer Leistung in Watt oder Herzfrequenz
- die Wochentage sind nur ein Anhaltspunkt für den Wechsel von Belastungstag / Erholungstag
- mittwochs: Es kommen immer 30 Minuten Warm-up und 30 Minuten Ausfahren im Anschluss an die Intervalle hinzu (ebenso am Samstag)
- wird kein Marathon als Wettkampf gefahren, kann die Strecke natürlich auch mit dem entsprechenden Tempo simuliert werden
- in den GA1-Einheiten auf hohe Trittfrequenz achten
- GA2 und die Marathons mit möglichst niedrigen Gängen fahren, sodass über Hügel / Bergkuppen auch weiter beschleunigt werden kann
- mindestens 1-2 x / Woche zusätzlich ein funktionelles Trainingsprogramm zur Rumpf- und Beckenstabilisation durchführen, dafür aber erholt sein (also nicht direkt im Anschluss der Radeinheiten)
- die Werte für die Belastungsbereiche sollten über eine Leistungsdiagnostik ermittelt werden

Zehn-Wochen-Plan für ambitionierte Sportler (10-12 Trainingsstunden / Wo) z. B. für eine Alpenüberquerung; durchzuführen nach einem Grundlagenausdauerblock

WOCHE	MO	DI	MI	DO	FR	SA	SO
1	2:30 Std GA1		6 x 10 Min GA2 mit 3 Min KB P		4:30 Std GA1		
2	2:30 Std GA1		4 x 10 Min GA2 mit 3 Min KB P		4:30 Std GA1	45 Min GA2	
3	2:30 Std GA1		45 Min GA2		5 Std GA1		
4	2:30 Std GA1		3 x 20 Min GA2 mit 4 Min KB P				Bike-Marathon lange Strecke
5	3 Std GA1		60 Min GA2		4 Std GA1		
6	3 Std GA1		60 Min GA2				5 Std GA1
7	3 Std GA1		60 Min GA2-EB				Bike-Marathon mittlere / lange Strecke
8	2:30 Std GA1		5 x 15 Min GA2 mit 3 Min KB P		5 Std GA1-2		
9	2:30 Std GA1		10 / 15 / 30 / 15 / 10 Min alles GA2 mit jeweils 2-3 / 5 / 10 Min KB		3:30 Std		5 Std GA1
10	2 Std GA1		3 x 10 Min GA2 mit 5 Min KB P		1:30 Std GA1		

Im Alltag genießen – die Kurzstrecke macht den Unterschied

Manchmal bedarf es keiner ausgebufften Trainingspläne, sondern lediglich eines Blickes in den eigenen Terminkalender und der Frage: Wo muss ich heute hin? Denn schließlich ist einer der enormen Vorteile beim Radfahren, dass man für die Extraportion Sport am Tag bei den meisten Gelegenheiten keine zusätzliche Zeit aufwenden muss. Mehr als die Hälfte aller Alltagswege in der Stadt betragen weniger als fünf Kilometer. Und zumindest die lassen sich für jeden entspannt mit dem Rad erledigen.

> Fußgänger und Radfahrer stoßen kein CO_2 aus. Dagegen sind Pkw gerade auf kurzen Strecken bis fünf Kilometer echte Klimakiller. Ein kalter Motor verbraucht auf den ersten Kilometern bis zu 35 Liter Treibstoff pro 100 Kilometer und emittiert dabei über 250 Gramm CO_2 pro Kilometer.

◁ *Regen kann auch romantisch sein.*

WETTER

Fahrradfahren gut und schön – wenn da nicht das Wetter wäre. Gefühlt regnet es in Deutschland immer, abgesehen von den Tagen mit Schnee, Graupel und Hagel – oder tropischer Hitze. Wann also soll man Radfahren? Die Antwort lautet schlicht: immer. Wer beschließt, immer Rad zu fahren, wird schnell feststellen, dass dies nicht nur möglich ist, sondern gar oft noch Spaß macht. Zunächst einmal erwartet den geneigten Alltagsradler nämlich die Erkenntnis, dass es aus der Fensterperspektive häufiger regnet, als wenn man sich tatsächlich draußen aufhält: Im Durchschnitt regnet es in Deutschland nur an 121 Tagen im Jahr – und dann auch nicht den ganzen Tag! An 244

△ *Gewappnet gegen Regen und Kälte.*

△ *Einmal kurz abklopfen und losfahren!*

Tagen ist es sogar durchgängig trocken. Sollte man dennoch von einem Ausnahmefall überrascht werden und in einen Regen- oder Schneeschauer geraten, dann helfen ein paar einfache Tricks und Tipps, um entspannt ans Ziel zu kommen.

So hält der Winter inzwischen kaum noch vom Radfahren ab. Beachtet man ein paar Hinweise, besteht für Abstinenz schließlich auch kein Grund:

1. **Gelassen fahren!** Abrupte Bremsmanöver sind auf glatter Fahrbahn unbedingt zu vermeiden. Und für Glätte braucht es nicht einmal Eis – matschiges Laub reicht oftmals aus. Manchmal ändern sich die Straßenbedingungen auch im Laufe des Tages: Was morgens noch eine Pfütze oder eine angetaute Schneefläche war, kann abends zur Eisfläche werden. Und zu guter Letzt sind Unebenheiten unter dichtem Schnee auch oft nicht zu erkennen – wer eine Strecke also nicht bereits aus dem Sommer kennt, sollte besonders aufmerksam auf mögliche Hindernisse wie verdeckte Bordsteinkanten achten.

2. **Gleichmäßig bremsen!** Viele sportliche Fahrer nutzen vor allem die Vorderradbremse, da diese effektiver arbeitet. Schon auf trockenem Grund ist das nur bedingt empfehlenswert, da man ansonsten einen Stunt über den Lenker riskiert. Gerade bei Scheibenbremsen sollte deshalb stets kontrolliert gleichmäßig mit Vorder- und Hinterradbremse verlangsamt werden. Um Schleudern zu

vermeiden, ist eine solche Umstellung im Winter jedoch auf jeden Fall unvermeidbar. Schließlich haftet das Vorderrad auf Schnee und Eis weniger intensiv als auf Asphalt. Deshalb kommt im Winter vor allem die Hinterradbremse zum Einsatz. Um Rutschen auf Eis zu vermeiden, empfiehlt sich zudem das Aufziehen von Spikes. Anders als bei Autos sind diese Reifen mit eingezogenen Metallstiften bei Fahrrädern erlaubt. Zugleich ist es ratsam, mit etwas weniger Luft über die Straße zu rollen – so vergrößert sich die Auflagefläche des Reifens. Um im Falle eines möglichen Schleuderns schnell mit den Füßen auf dem Boden zu sein und so einen Sturz zu verhindern, empfiehlt es sich zudem, den Sattel um einen Zentimeter abzusenken. Das hat sogar noch den positiven Nebeneffekt, dass Kontaktkorrosion an der Sattelstütze verhindert wird (aber Vorsicht: Zu niedrig sollte der

Sattel auch nicht eingestellt werden, da sonst Knie- oder Rückenprobleme die Folge sein können).

3. Licht an! Wer mit Batterielampen unterwegs ist, sollte daran denken, dass besonders Lithium-Ionen-Akkus kälteempfindlich sind und schnell an Power verlieren. Eine Funzel aber, die lediglich dünn vor sich hin flackert, taugt nicht, um im Straßenverkehr sicher unterwegs zu sein. Wer also auf einen Nabendynamo verzichten möchte, der sollte zumindest regelmäßig seine Stecklichter aufladen. Zudem schadet Putzen dem Rad im Winter nicht – zum einen, um mögliche Schäden durch Nässe und Streumaterialien zu vermeiden, zum anderen, um die oftmals verdreckten Reflektoren an Reifen, Speichen und Pedalen wieder sichtbar zu machen.

Experteninterview
TEA TO DRIVE STATT RÖCHELND IM BETT

Jens und Anja Jakob betreiben die Herbathek am Prenzlauer Berg in Berlin. Dort können Kunden sich von den passionierten Radfahrern in allem, was die Kräuterwelt hergibt, beraten lassen: Über 400 Pflanzen, Tees und Extrakte haben die beiden vorrätig, dazu ein riesiges Sortiment an Naturheilmitteln zumeist aus kontrolliert biologischem Anbau. Hier erklären sie, wie auch der Allwetterradler gesund über den Winter kommt.

△ Gesund mit Kräutern durch den Winter radeln: Anja und Jens Jakob von der Herbathek.

▶ Wer im Winter Rad fährt, wird oft schon durch mitleidige Blicke gestraft. Da muss es nicht noch eine Erkältung sein. Gibt es ein Kraut, das gegen den Hustenblues wappnet?

A./J. Jakob: Nicht nur eines! Wir empfehlen zur Stärkung des Immunsystems zum Beispiel einen Cistrosentee oder einen Aufguss beziehungsweise ein Fertigpräparat aus der Ginseng-Wurzel. Als sehr wirksam hat sich auch Malve erwiesen, *die* Pflanze für den Atemtrakt: Malve enthält viele Schleimstoffe, die sich schützend auf die Schleimhäute legen und so Erkrankungen erst gar nicht entstehen lassen. Daneben ist natürlich die Zufuhr von Vitamin C sehr wichtig – wobei man da unbedingt auf natürliche Quellen zurückgreifen sollte, also etwas, das mal gelebt hat. Neueste Untersuchungen belegen, dass synthetisch hergestellte Vitamine den Körper eher belasten, anstatt ihn zu unterstützen. Stattdessen sollte man also auf Hagebutte, Sanddorn und Acerola zurückgreifen sowie frisch gepresste Säfte trinken und Kohl essen.

▶ Und was ist zu tun, wenn Citrose und Ginseng gerade nicht zur Hand sind, der Hals schon kratzt und der Kopf dröhnt?

Die beiden Pflanzen helfen durchaus auch akut! Wir empfehlen daneben auch Propolis – ein Sekret, das Bienen herstellen, um ihre Waben gegen Bakterien, Viren und Pilze zu schützen: Sie essen Blütenpollen, fermentieren sie dann durch ihre körpereigenen Sekrete und spucken sie als Kitsubstanz zwischen ihre Waben. Ein wunderbares Mittel, das wie ein natürliches Antibiotikum wirkt. Man kann es sowohl innerlich anwenden, also schlucken, als auch bei Hals- oder Ohrenschmerzen direkt lokal auftragen. »Propolis« heißt übersetzt übrigens »Vor dem Volke« – die Viren und Bakterien sollen also im Bienenstock außen vor bleiben und dem Volk im Inneren nicht zu nahe kommen.

▶ *Also etwas für Menschen mit Griechischkenntnissen. Im Supermarkt habe ich schon Tee für die Schwangere, für den Yogi und für den Migräneanfälligen gesehen. Gibt es auch einen »Radfahrertee«?*

Wir nutzen diese Teebezeichnungen bei uns nicht, sondern orientieren uns an den Namen der tatsächlich verwendeten Pflanzen – wenn wir aber mal etwas mit dem Etikett Fahrrad anbieten sollten, wäre das wohl ein Hagebuttentee. Hagebutte ist nicht nur sehr reich an Vitamin C und schützt gegen Erkältungen, sondern tut auch den Gelenken gut, sodass die Gefahr von Arthritis und Arthrose vermindert wird.

Generell kann man Erkältungen aber auch durch eine gute Pflege der Darmflora vorbeugen.

▶ *Die meisten Radfahrer pflegen nicht einmal ihre Fahrradkette – und jetzt noch die Darmflora?*

Fahrradkette und Dünndarm lassen sich in ihrer Bedeutung schon vergleichen – wenn da etwas nicht mehr rund läuft, ist es mit der flotten Fahrt vorbei! 70 Prozent des Immunsystems sitzen im Darm, sodass Menschen bei einem Ungleichgewicht in der Darmflora anfällig für alle anderen Bakterien und auch Pilze werden. Zerstört wird die gesunde Umgebung dort etwa durch Antibiotikaeinnahme. Davon erholt sich die Darmflora, wenn überhaupt, nur nach Jahren. Um die Gesundung zu unterstützen, sollten man deshalb so genannte Probiotika, das sind Milchsäurebakterien, zu sich nehmen. Auch empfiehlt sich eine gelegentlich Darmreinigung. Dafür trinkt man am besten Aloe-Vera-Saft, der über 200 Vitalstoffe, Antioxidanzien und Bioflavonoide beinhaltet.

Wichtig für die Gesundheit sind neben der Ernährung natürlich auch eine fröhliche Lebenseinstellung und viel Bewegung. Deshalb sind Radfahrer im Allgemeinen ohnehin schon vergleichsweise gut unterwegs.

Herbathek
Kollwitzstraße 76, Berlin Prenzlauer Berg, Mo.-Fr. 10-19, Sa. 10-16 Uhr, herbathek.com

Können schon Schnee und Eis einen echten Radfahrer nicht am heimischen Ofen halten, was soll dann erst der Regen sagen? Ein paar richtige Kleidungsstücke, und los geht's:

KLEIDUNG

Während es im Sommer ausreicht, möglichst wenig anzuziehen und langsamer als gewohnt zu fahren, bedeuten Regen und Winter schon etwas mehr Aufwand, so man ohne Auflösungserscheinungen am Ziel ankommen will. Glücklicherweise hat sich der Radmodenmarkt in den vergangenen Jahren enorm entwickelt, weshalb sich niemand mehr wie Ötzi in Felle gehüllt auf den Weg machen muss.

So gibt es inzwischen zum Beispiel spezielle Fahrradjeans, die nicht nur im Sattelbereich besonders stabil sind und deshalb länger lochfrei bleiben – einige der Modelle haben auch eingearbeitete Reflektoren zur besseren Sichtbarkeit und sind sogar wasserabweisend. Auch bei den Regenhosen zum Überstreifen hat sich einiges getan:

△ Radritterklamotte: Sieht gut aus, beeinträchtigt aber die Sicht.

Steckte man früher noch in Plastikmodellen fest, die bereits nach einigen Metern den Schweiß im Knie rinnen ließen, sorgen inzwischen atmungsaktive Materialien dafür, zumindest einen Teil der selbst produzierten Wärme nach außen zu transportieren. Die meisten Modelle verfügen mittlerweile über unauffällig eingearbeitete Streifen, die nachts reflektieren, tagsüber aber nicht nach Bauarbeitertracht aussehen.

Festes Schuhwerk schadet keinem Radler – denn nur so verteilt sich der Druck der Pedale sanfter auf den gesamten Fußballen. Im Winter empfehlen sich zudem echte Outdoorschuhe oder Winterradschuhe, um auch nach längerer Zeit keine Eiszapfen zwischen den Zehen zu haben. Hier: die »Depart WP CNX« von KEEN mit einem Schaft aus Mesh, Synthetik-Overlays und wasserdichter, atmungsaktiver Membran sowie einer Sohle aus Schaumpolstern, Fußgewölbeunterstützung und Schnellschnürung.

Den Oberkörper schützt für eine kurze Fahrt ein Poncho gut vor Nässe – hat allerdings den Nachteil, den Fahrtwind samt jeder Windböe einzufangen. Das verhindern Jacken, die nach dem gleichen Prinzip wie die oben vorgestellten Hosen geformt werden: windabweisend, wasserdicht, atmungsaktiv. Wer das Ganze in Neongelb haben möchte, wird sicher fündig – es geht aber auch in dezent und schick. Zieht man anschließend noch ein paar Gamaschen über die Schuhe, steht dem trockenen Erreichen des Ziels nichts mehr im Wege.

Auch im Winter muss sich niemand ins Auto oder den Bus quälen. Der Körper bleibt mit der Bekleidung nach dem Zwiebelschalenprinzip warm; an die Beine kommt eine extra Strumpfhose, am besten aus Merino-Wolle, oder die ohnehin vorhandene Regenhose; für Hände und Füße gibt es beheizbare Schuheinlagen und Handschuhe.

WARTUNG

Putzen gehört nicht eben zu den Lieblingstätigkeiten der meisten Menschen – und was für die Wohnung gilt, ist auch beim Fahrrad keine Ausnahme! Leider ist beides jedoch nötig, und vielleicht hilft zur Motivation ein Blick auf mögliche Folgen eines verdreckten Rades: Schwergängig, mit quietschenden Bremsen, durchhängender Kette und klappernden Schutzblechen kämen Sie daher, machten dabei sicherlich keine gute Figur, müssten stärker treten und hätten wahrscheinlich häufiger mit Pannen zu kämpfen. Schimpfen und schieben wären die Folge.

Es gibt also zwei Varianten, wie Sie sich zur Fahrradwartung verhalten können: Entweder Sie verbringen viel Zeit damit, ein schlechtes Gewissen zu haben, weil sie eigentlich den Putzlappen schwingen sollten oder Sie ärgern sich über störende Geräu-

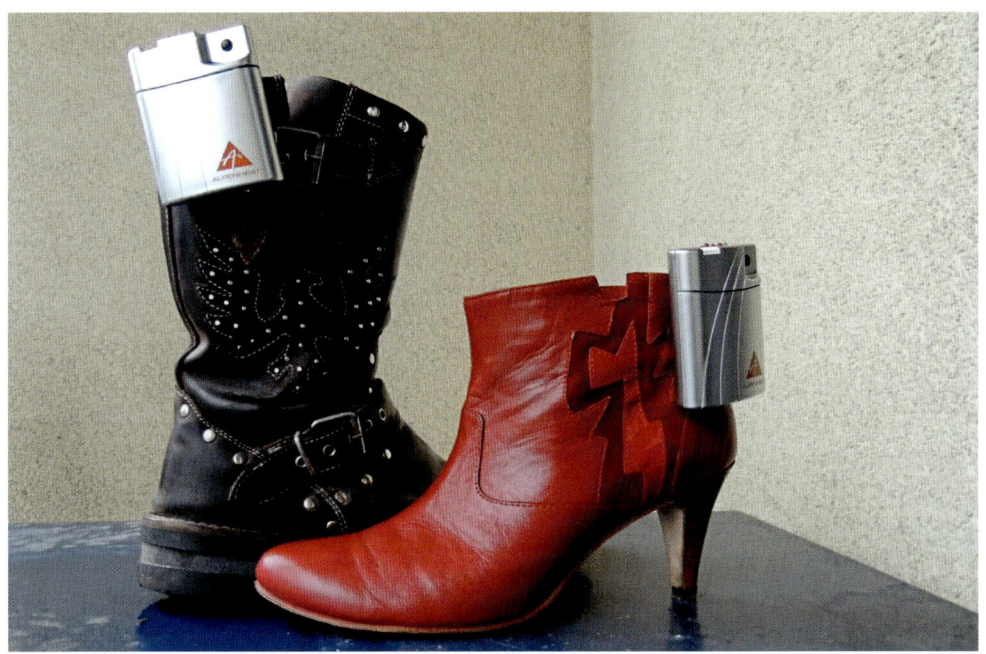

△ *Lassen sich auch an einem Strumpfband befestigen: die beheizbaren Einlegesohlen von Alpenheat.*

△ Nicht zu lange warten mit dem Warten.

sche und teure Pannen. Oder sie halten es wie mit anderen Dingen im Leben, die getan werden müssen: Sie erledigen diese einfach. Falls Sie sich für die zweite Option entscheiden, bieten sich kleine Rituale an. So können Sie sich etwa an die eine Minute nach jeder Fahrt gewöhnen, die es dauert, zum Beispiel kurz mit einem alten T-Shirt oder Lappen über die Kette zu wischen, um zu verhindern, dass sich Dreck überhaupt festsetzt. Einmal die Woche bedarf es dann einer knappen Viertelstunde Zeit, um sich dem Garanten für Mobilität etwas intensiver zu widmen: Dafür brauchen Sie eine alte Zahnbürste, einen Lappen und Putzmittel. Bei Letzterem können Sie entweder spezielle Fahrradreiniger verwenden, die durch Aufsprühen Schmutz lösen – oder Sie benutzen einfach ein handelsübliches Geschirrspülmittel.

Es lohnt sich, beim Putzen selbst Handschuhe zu tragen, ansonsten sollte man den anschließenden Weg zum Waschbecken ohne viele Klinkenberührungen zurücklegen können.

Mit der Zahnbürste können Sie nun Flüssigreiniger auf die verdreckten Stellen auftragen, damit der entstehende Schaum gut in Ecken und Engstellen dringt. Einweichen lassen – und mit einem Schwamm und viel Wasser das Rad anschließend von Grund auf reinigen. Spezielle Zuwendung bedarf lediglich der Kettenbereich, besonders falls Sie eine Kettenschaltung nutzen. So müssen die Schaltröllchen freigelegt (z. B. mit einer Zahnbürste) und die Ritzel von festklebendem Schmutz befreit werden. Hierbei sollten weder Benzin noch Spülmittel verwendet werden, da diese der Kette Feuchtigkeit entziehen und ihre Lebensdauer verkürzen.

Den (mit Wasser oder einem speziellen Kettenreiniger) bereits eingeweichten Dreck kann man am besten mit einer Bürste grob lockern und abwischen, um anschließend mit einem Tuch nachzuwischen. Auch die Kette selbst sollte gereinigt und anschließend durch ein trockenes Tuch gezogen werden. Falls einige Fahrradteile besonders stark mit fettigem Schmutz überzogen sind, hilft (preiswertes) Waschbenzin.

Wichtig ist auch, die Bremsflanken und Felgenbremsbeläge mit viel Wasser von Schmutzpartikeln zu befreien, da diese sonst wie Schmirgelpapier wirken. Anschließend werden die Bremsflanken noch mit einem in Waschbenzin oder Spiritus getränkten Tuch entfettet, sodass sich die Bremsleistung stark verbessert. Abschließend gönnen Sie Ihrem Rad eine dünne Schicht Sprühwachs zur Konservierung. Es schützt Ihr Rad vor eindringender Feuchtigkeit und Schmutz. Kurz nachpolieren – und fertig!

△ Das Fahrrad am besten immer drinnen unterstellen.

REPARATUREN

Ein Fahrrad besteht aus mehr als 100 Einzelteilen – von denen jedes einmal versagen und zu einer Panne führen kann. Hier allerdings soll nicht der Ort zur Verbreitung von Furcht und Schrecken sein, sondern auf die wichtigsten Handgriffe hingewiesen werden, um im Notfall schnell wieder einen fahrbaren Untersatz zu haben!

So ist die am häufigsten bei einem Rad auftretende Panne ein platter Reifen: Anders als Pkw oder Motorräder verfügen Fahrräder dabei zumeist über einen innerhalb des Mantels gelegenen Schlauch – Flicken müssen also auch auf diesen und nicht außen auf den Mantel aufgebracht werden.

Dazu nimmt man zunächst einmal das Laufrad heraus und löst anschließend Schlauch und Mantel. Um das Loch zu finden, bietet es sich an, den platten Schlauch zunächst mit Luft zu füllen und dann in ein Gefäß mit Wasser zu halten. An der Stelle, an der Luft entweicht, wird der Flicken aufgesetzt, wobei zunächst die Luft wieder abgelassen, die Fläche rund um das Loch aufgeraut und mit einer Vulkanisierungsflüssigkeit bestrichen wird. Bevor man den Schlauch dann wieder einsetzt, ist es wichtig, nach möglichen Ursachen des Defekts zu suchen: Oftmals befindet sich noch eine Glasscherbe oder ein Nagel im Mantel. Folglich sollte man vorsichtig mit den Fingern die Innenseite des Mantels ausstreichen und den möglichen Pannenübeltäter entfernen.

Wer sich nicht zutraut, unterwegs einen Platten zu flicken oder wenig Lust verspürt, eine Luftpumpe und einen Flickenkasten samt Werkzeug für das Auf- und Abziehen von Rad und Mantel mitzunehmen, der kann es auch mit einem Pannenspray versuchen: Darunter wird ein Spezialschaum verstanden, den man lediglich durch das Ventil einführen muss – und das Loch bleibt für Wochen verschlossen. Zumindest in der Theorie. In der Praxis sind viele der angebotenen Produkte nicht sehr hilfreich – und bringen den Reifen nicht einmal für die Fahrt bis zur nächsten Werkstatt auf Touren. Auch hier sollte man also vor billigen Baumarktprodukten Abstand nehmen und sich im Zweifel noch einmal im Fachhandel beraten lassen. In jedem Falle sorgt der Schaum beim späteren Reifenwechsel für Freude: Wer sich anschließend selbst zu Hause an die Arbeit machen möchte, muss sich und den Fußboden ausreichend schützen, da der Schaum beim Öffnen des Reifens sonst in jede kleine Ritze eindringt. Auch einen Fahrradmechaniker gilt es vorzuwarnen, möchte man auch zu einem späteren Zeitpunkt wieder freundlich in der Werkstatt empfangen werden.

Zusätzlich gibt es Reifendichtmittel, das Einstiche effektiv verhindert – leider jedoch gegen Risse und Schnitte machtlos ist. Die Fasern des Gels drücken sich in den Reifendefekt und verhindern so ein weiteres Austreten von Luft. Ein Reifen ist so mit Glück über viele Jahre pannenfrei. Leider verlangsamt die Flüssigkeit zugleich auch den Freilauf des Rades, jedoch in einem für den Alltagsfahrer kaum wahrnehmbaren Maße.

Am besten eignen sich zum Pannenschutz hingegen spezielle Bänder, die zwischen Schlauch und Reifen gelegt werden. Da sie exakt liegen müssen, um ihre Wir-

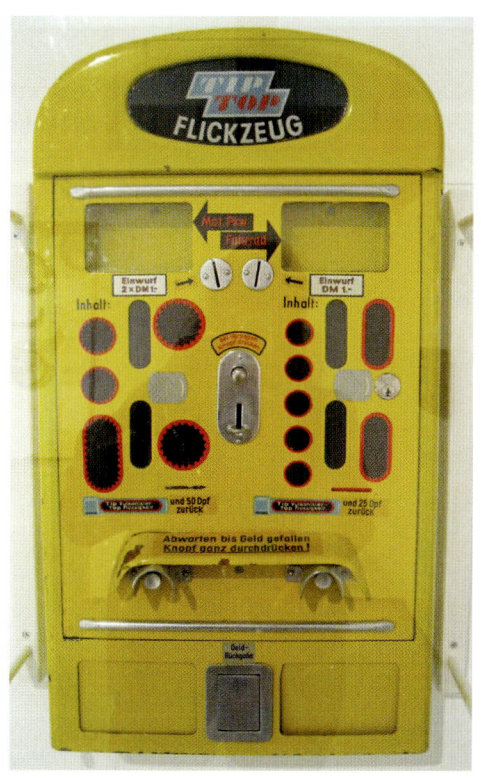

△ *Praktisch, aber im rechten Moment meist nicht in der Nähe: der Flickzeugautomat.*

kung zu entfalten, sollten Sie zur Montage eine Werkstatt aufsuchen. Dann allerdings sind Pannenschutzbänder in der Gesamtrechnung von Wirksamkeit, Kosten, Gewicht und Einfluss auf die Fahreigenschaft die vermutlich beste Wahl. Der Nachteil: Etwa alle zwei Wochen sollte man den Luftdruck des Reifens überprüfen. Verändert sich dieser zu stark, kann es zu einer Verschiebung des Bandes kommen, in dessen Folge das Band selbst in den Schlauch schneidet und zum Platten führen kann!

BELEUCHTUNG

Fahrradfahrer ersparen ihrer Umwelt Gestank, Lärm und tödliche Unfälle – aber manchmal nerven sie auch. So etwa das Zehntel der Radfahrer, das nachts ohne Licht unterwegs ist. Denn auch wenn alle Unfallstatistiken besagen, dass dies nicht gefährlich ist, soll an dieser Stelle doch eine eindringliche Bitte nicht fehlen: Fahren Sie immer mit Licht! Alle anderen Verkehrsteilnehmer werden es Ihnen danken. Und gesetzlich vorgeschrieben ist es sowieso:

Ganze 1229 Wörter benötigt die deutsche Straßenverkehrs-Zulassungs-Ordnung (StVZO), um festzulegen, wie ein ordnungsgemäß ausgeleuchtetes Fahrrad auf bundesdeutschen Straßen daherzukommen hat. Bis zum Sommer 2013 war dabei die Rechtslage immerhin eindeutig, wenn auch unbefriedigend: Alle Fahrräder – ausgenommen Rennräder bis elf Kilogramm – mussten über eine dynamobetriebene Lichtanlage verfügen. Wer mit Aufsteckklampen unterwegs war, hatte hingegen damit zu rechnen, bei einer Kontrolle 15 Euro Bußgeld zu zahlen oder bei einem Unfall Probleme mit dem Anwalt der Gegenseite zu bekommen. Eine der Verkehrssicherheit nicht eben förderliche Regelung, sorgen Aufsteckklampen doch aufgrund der meist größeren Helligkeit für mehr Sicherheit. Deshalb wurde auch eine Novellierung der StVZO beschlossen: Scheinwerfer und Rückleuchten, die mit Sechs-Volt-Batterie oder Akku betrieben werden, wurden zugelassen. Absatz 2 des Paragraphen 67 blieb jedoch und besagt, dass Leuchten »fest angebracht« sein müssen. Es folgte ein Hauen und Stechen von Bundestag, Bundesverkehrsministerium

Durch die Straßenverkehrs-Zulassungsordnung (StVZO) vorgeschrieben sind:

- ▶ **ein** Scheinwerfer,
- ▶ **ein** Rücklicht,
- ▶ **ein** Dynamo[1],
- ▶ **15** Reflektoren:
  - ein roter Großflächen-Rückstrahler hinten,
  - ein roter Rückstrahler hinten,
  - ein weißer Rückstrahler vorn,
  - vier gelbe Pedalrückstrahler,
  - acht gelbe Speichenreflektoren (je zwei je Laufrad und Richtung); alternativ: weiße reflektierende Ringe in den Speichen oder an den Reifen.

Einer der hinteren Reflektoren darf mit dem Rücklicht kombiniert sein.

Laut StVZO muss der Lichtkegel »mindestens so geneigt sein, dass seine Mitte in fünf Meter Entfernung vor dem Scheinwerfer nur halb so hoch liegt wie bei seinem Austritt aus dem Scheinwerfer«. Was in der Theorie kompliziert klingt, ist in der Praxis recht einfach. Ungefähr zehn Meter vor dem Rad sollte die Mitte des Lichtkegels auf die Straße fallen. Es empfiehlt sich, den Winkel regelmäßig zu überprüfen und die Frontscheibe des Scheinwerfers zu putzen.

---

1 Ausgenommen sind nur Rennräder, die höchstens elf Kilogramm wiegen dürfen.

und Bundesrat. Eine endgültige Regelung, die alle Stecklichter erlaubt, ist noch immer in Arbeit.

Weiterhin verboten dürften indes Stirnlampen und Blinklichter bleiben. Zumindest Ersteres ergeben auch nur eingeschränkt Sinn, da sie sich schlicht ziemlich weit oberhalb des Aufmerksamkeitsbereiches und Sichtfeldes von Autofahrern befinden. Sollte Ihr Rad keine dynamobetriebene Lampe haben, dann achten Sie beim Zukauf der Stecklichter auf das amtliche Prüfzeichen. Zehn Lux müssen die Frontscheinwerfer mindestens aufweisen – und sollten richtig, das heißt, auf die Straße ausgerichtet sein, um entgegenkommende Verkehrsteilnehmer nicht zu blenden.

Verpflichtend sind zudem Reflektoren in oder an den Laufrädern. Viele Reifen werden inzwischen bereits mit integriertem Reflektorstreifen geliefert. Hier sollte man auf gelegentliche Reinigung achten, da die Wirkung sonst schnell durch den Straßenschmutz geschmälert wird. Verfügt Ihr Rad nicht über solche Streifen, besorgen Sie sich zusätzlich Reflektoren für die Speichen. Diese sind sowohl im alten »Spiegelei-Stil« erlaubt als auch in Stabform.

REIFEN

1888 erfand der schottische Tierarzt John Boyd Dunlop den aufblasbaren Luftreifen. Welch eine Erleichterung für Tausende Reisende in Europa und Nordamerika, die sich nun nicht mehr mit eisenbeschlagenen Rädern herumquälen mussten! Und welch eine Qual für Millionen von Kongolesen, die fortan ihrem »Besitzer«, dem belgischen König Leopold, Kautschuk liefern mussten: Während mit den Einnahmen des Kautschukbooms in Brüssel Paläste errichtet wurden, starben Millionen Kongolesen als Folge der »Kautschuksteuer« durch Hunger, Krankheit oder direkter Gewalt. Heute braucht indes niemand mehr einen Stamm im Dschungel anritzen, den Saft auffangen und in provisorische Brocken verarbeiten – die Herstellung des Grundstoffes verläuft synthetisch. Und man hat die Wahl zwischen diversen Reifenmodellen.

Am häufigsten werden Drahtreifen verwendet. Das bedeutet natürlich nicht, dass Draht um die Felgen gewickelt wird! Lediglich am unteren Ende der beiden Reifenflanken ist Draht eingearbeitet, um Haltbarkeit und Formstabilität des Mantels zu gewährleisten. Eine in letzter Zeit beliebte Sonderform des Drahtreifens ist der Ballonreifen. Dieser ist einer Wandstärke von 45-66 Milli-

metern besonders dick und kann deshalb mit weniger Luftdruck gefahren werden: So federt er Erschütterungen besser ab und kann zumindest in der Stadt problemlos die Federgabel ersetzen. Auch auf weichem Untergrund, wie etwa Sandwegen oder gar am Strand, sind Ballonreifen perfekt, weil sie hier aufgrund ihrer größeren Auflagefläche geschmeidiger unterwegs sind als ihre schmaleren Kollegen. Reine Drahtreifen, die ohne innen liegenden Schlauch auskommen, haben sich wegen ihres hohen Gewichts bisher nicht durchsetzten können.

Im Profisport greift man hingegen oft auf reine Schlauchreifen zurück. Hier sind Mantel und Schlauch verbunden, was sowohl Vor- als auch Nachteile mit sich bringt: Bei einer Panne muss der gesamte Reifen ersetzt werden, zudem ist die Reparatur aufwendiger. Gleichzeitig liegt das Gewicht des Schlauchreifens unter dem des Drahtreifens, und er kann einen höheren Luftdruck halten. Auch bei Querfeldeinrennen empfehlen sich Schlauchreifen, da sie auch mit weniger Druck gefahren werden können, ohne eine Panne zu riskieren, und somit bessere Federwirkung erzielen.

Wer das Risiko eines Platten möglichst gering halten will, sollte auf Reifen setzen, die mit PU-Schaum gefüllt sind. Diese kommen ohne Luftschlauch aus, sind aber etwas schwerer sowie teurer als Drahtreifen und nicht variabel beim Luftdruck. Gerade für Lastenräder haben sie sich jedoch als praktisch, da wartungsarm, erwiesen.

Neben dem inneren Aufbau der Reifen gibt es auch Unterschiede der äußeren Form: Deshalb sollte auch, wer sein Fahrrad das ganze Jahr über nutzen möchte, im Winter möglichst die Bereifung wechseln. Dabei muss es nicht zwangsläufig ein Modell mit Spikes sein (s. o.), auch herkömmliche Winterreifen bieten sichere Fahrt: nicht nur durch die gröbere Profilierung, sondern auch durch die spezielle Gummimischung, die auf niedrige Temperaturen und Grifffestigkeit ausgelegt ist.

ACCESSOIRES

Helm

Ob mit oder ohne Helm – daran entzünden sich ganze Glaubensdebatten. Vorgeschrieben ist er nicht – weder für Radfahrer noch für Fußgänger oder Autofahrer. Die wenigsten Menschen würden auf die Idee kommen, bei einem Spaziergang oder der Fahrt im Auto einen Helm aufzusetzen. Dabei ist die Gefahr, bei diesen Tätigkeiten eine tödliche Kopfverletzung zu erleiden, hier deutlich höher als beim Radfahren: Auf jeden in Deutschland getöteten Radfahrer kommen statistisch gesehen 1,5 Fußgänger und 4,5 Autofahrer. Die gefährlichste Fortbewegungsform innerhalb von Städten ist der Weg per pedes; die größten Gefahren außerhalb geschlossener Ortschaften bieten sich Autofahrern. Dennoch wird oftmals in missionarischem Eifer darauf hingewiesen, Profiradsportler trügen schließlich auch einen Helm. Das ist richtig. Legt man diesen Maßstab zugrunde, müssten Autofahrer sich jedoch auch anziehen wie ein Rally-Pilot!

Es gibt zudem Untersuchungen, die belegen, dass Radfahrer mit Helm dichter von Autofahrern überholt werden, da sie ja vermeintlich geschützt sind. Zudem entfal-

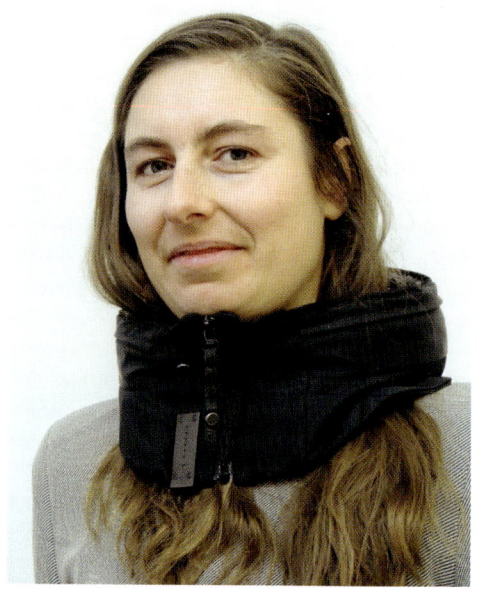

△ Airbag der Firma Hövding.

tet sich die Schutzwirkung herkömmlicher Modelle nur an einem sehr kleinen Teil des Kopfes – und auch nur bei einem bestimmten Aufprallwinkel.

Falls Sie sich aber mit einem Helm sicherer fühlen oder schlicht den Erziehungsmaßnahmen Ihrer Umwelt entgehen möchten, dann tragen Sie bitte einen. Aber achten Sie in diesem Falle zwingend darauf,

auch ein passendes Modell zu erwerben und anschließend richtig aufzusetzen! Im Straßenbild häufig anzutreffen sind hingegen die Varianten des schräg auf dem Hinterkopf sitzenden Helms, manchmal rutscht er auch nach vorn und nimmt die Sicht, oder der Helmgurt baumelt locker unter dem Unterkiefer. Diese Varianten schützen vor überhaupt nichts und fügen im Falle eines Sturzes unter Umständen gar noch zusätzlichen Schaden zu. Es empfiehlt sich also, ebenso wie das Rad auch den Helm in einem

Fachgeschäft zu kaufen und vor Ort anpassen zu lassen. Oder sich für eine Innovation auf dem Markt zu entscheiden: den Fahrradairbag. Dieser wird wie ein Schal um den Hals getragen und bläst sich im Falle einer plötzlichen und starken Bewegung in Sekundenbruchteilen auf. Geschützt werden dabei nicht nur weitere Teile des Kopfes als bei einem herkömmlichen Helm – zusätzlich legt sich auch ein Luftschlauch um den Hals und soll dort Frakturen verhindern.

Taschen

In Großstädten darf man beinahe nicht mehr ohne sie aufs Rad: die Kuriertasche. Sie sieht cool aus, ist modern und schlecht für den Rücken. Denn schließlich hängt das gesamte Packgewicht lediglich über einer Schulter und sorgt so für ein Ungleichgewicht. Darüber hinaus neigt das angesagte Teil auch dazu, ständig vom Rücken neben die Hüfte zu rutschen, sodass man alle paar Meter eine Hand braucht, um die Tasche neu auszurichten. Das Prädikat muss also trotz des hohen Hipp-Faktors als wenig empfehlenswert ausfallen.

Es sei denn, es handelt sich um ein Original, also einer jener Taschen, die tatsächlich von Kurierfahrern genutzt werden: Diese sind hochgradig praktisch, da wasserdicht,

und werden wie Rucksäcke mit zwei Tragegurten auf dem Rücken gehalten.

Für Menschen, die ein Fahrrad mit Gepäckträger besitzen, bietet sich zudem natürlich an, diesen auch zu nutzen – was in jedem Falle die rückenfreundlichste Variante darstellt. Für Rucksäcke oder Taschen eignen sich hier Schnellspanner zur gesonderten Sicherung an. Allerdings sollte man tunlichst darauf achten, dass diese auch wirklich fest am Gepäckträger eingehakt sind! Andernfalls können Bodenwellen, Schlaglöcher oder Bordsteinkanten zum Lösen der Spanner führen, die sich alsdann bei voller Fahrt in den Speichen verfangen und zum Sturz führen können. Also Vorsicht!

Eine praktische und sichere Alternative sind spezielle Fahrradpacktaschen. Diese werden seitlich des Gepäckträgers eingehängt, bieten viel Stauraum und sind in der Regel wasserdicht. Entscheiden kann man sich zwischen den unterschiedlichsten Farben und Mustern, die zum Teil sogar nachts fluoreszieren. Einige der Modelle verfügen auch über Tragegurte, sodass sie etwa beim Einkaufen bequem über der Schulter zu transportieren sind. Einziger Nachteil von diesen Packtaschen ist, dass sie im vollbepackten Zustand das Fahrrad breiter machen – also Obacht beim Durchfahren von Absperrungen!

Schlösser

Mindestens zehn Prozent des Kaufpreises eines Rades soll man in das dazugehörige Schloss investieren, heißt die gängige Richtschnur. Allein: Ob das Rad damit dann auch vor Diebstahl geschützt ist, sei dahingestellt. Allein in Berlin werden jedes Jahr nach offizieller Polizeistatistik deutlich mehr als 20 000 Fahrräder gestohlen. Die Dunkelziffer dürfte deutlich höher liegen – denn wer von den nicht versicherten Fahrradbesitzern tut sich schon freiwillig einen ebenso zeitraubenden wie unsinnigen Besuch bei der Polizei an? Schließlich ist die Chance, das Eigentum (in einem verwertbaren Zustand) wiederzubekommen, so gering, dass man lieber im Sitzen darauf warten sollte, um O-Beine zu verhindern: Lediglich etwa fünf Prozent der Raddiebstähle wird aufgeklärt.

Vielleicht lohnt es sich also eher, neben einer Menge Gleichmut gegenüber dieser gesellschaftlichen Entwicklung, die es selbstverständlich erscheinen lässt, sich zu nehmen, was einem offensichtlich nicht gehört, in ein rustikales Schloss und eine Fahrradversicherung zu investieren. So sind Fahrräder nicht nur in den meisten Hausratsversicherungen mitversichert – es gibt auch spezielle Fahrradversicherungen, die etwa Mitglieder des Allgemeinen Fahrradclubs (ADFC) sogar mit Rabatten angeboten werden.

Wer es zusätzlich mit einem guten Schloss versuchen möchte, der ist im Bereich der Bügelform am besten aufgehoben. Bügelschlösser sind zwar schwer, allerdings auch schwer(er) zu knacken. Egal ob Falt-, Spiral- oder Kettenschloss: Wichtig ist in jedem Fall, das Fahrrad nicht nur ab- sondern anzuschließen. Andernfalls lädt man den Dieb förmlich dazu ein, es schlicht wegzutragen oder auf die Ladefläche des Kleintransporters zu werfen. Aber auch wer sein Rad anschließt, begeht trotzdem manchmal

einen fatalen Anfängerfehler, indem er nur das per Schnellspanner befestigte Laufrad ankettet – dieses ist in Sekunden gelöst, und dem Diebstahl des gesamten Restrades steht nichts mehr entgegen. Deshalb gilt: Immer den Rahmen anschließen, im Idealfall die Reifen gleich mit, sofern sie nur per Schnellspanner montiert werden!

Um sein Rad vor Diebstahl zu schützen, oder zumindest die Chance zu erhöhen, es später wiederzubekommen, empfiehlt sich eine Codierung. Dabei werden zum Beispiel Geburtsdatum und Initialen des Besitzers in den Rahmen gestanzt. Codierungen werden vielerorts auf Radfesten und -märkten von der Polizei oder auch vom ADFC vorgenommen. Indes: Auch Codierungen können dem Radbesitzer Unbill bringen. Nämlich dann, wenn das Rad irgendwann vergammelt aus einem Fluss gezogen und zurückgegeben wird – und die Versicherung ihr Geld wiederhaben möchte ...

△ *Das richtige Schloss war / ist seit je her äußerst wichtig (hier: Fahrradschließautomat von 1930).*

Ausblick

Gesund, flexibel und schnell – (Ihre) Zukunft fährt Rad

Wenn du niedergeschlagen bist, wenn dir die Tage immer dunkler vorkommen, wenn dir die Arbeit nur noch monoton erscheint, wenn dir es fast sinnlos erscheint, überhaupt noch zu hoffen, dann setz dich einfach aufs Fahrrad, um die Straße herunterzujagen, ohne Gedanken an irgendetwas außer deinen wilden Ritt.

Arthur Conan Doyle,
1896, in: Scientific American

In China nennt man Fahrräder auch »fußbewegte Wagen«, im Iran sind »wunderbare Wildpferde« unterwegs, und in Kirgisien wird auf »Teufelskarren« pedaliert. Ihnen allen gemein ist, dass man mit ihnen oftmals auch da noch Erfolg hat, wo jedes andere Gefährt steckenbleibt: Sei es eine Treppe oder eine Einbahnstraße, ein Innenhof oder eine Menschenansammlung, eine Straßensperre oder ein schmaler Bach – das Fahrrad begleitet seinen Lenker stets. Und lässt ihn so neben frischer Luft und Natur auch die Freiheit genießen, immer und überall mobil zu sein. Dabei muss der Fahrer nicht einmal sein Gepäck selbst tragen – und kann so seine ganze Aufmerksamkeit und Kraft auf die Sammlung neuer Eindrücke oder die Bewältigung selbst gesteckter Ziele und Herausforderungen richten.

Wobei nicht jede dieser Herausforderungen und Radreiseversuche auch von Erfolg gekrönt sein müssen: Der erste Mensch etwa, der probierte, auf einem gespannten Seil über die Niagarafälle zu fahren, stürzte ab – und auch die ersten Expeditionen zum Nordpol per Rad brauchte einige Anläufe. Die Welt mit dem Velo zu umrunden ist indes inzwischen schon bereits ein beinahe mehrheitsfähiges Freizeitvergnügen geworden – ebenso wie es (wieder) normal geworden ist, seinen Alltag nicht mehr dem Schicksal schwerer Maschinen zu überlassen, sondern die eigene Körperkraft zu nutzen und zu trainieren.

Das Fahrrad hält gesund, macht flexibel und frei, es ist eine ökonomische und ökologische Wohltat und somit eine Lösung für sämtliche Sorgen und Nöte des modernen Menschen – und dürfte, um der philo-

AUSBLICK

sophischen Betrachtung Elmar Schenkels zu folgen, vielleicht gar weiter hinaus ins Universum strahlen: »Es ist anzunehmen, dass sich Aliens eher für unsere Fahrräder als für unsere Autos interessieren werden. Letztere führten zur Rakete und zur Weltraumfahrt, und das ist ein Weg, den die Aliens auch gegangen sein müssen, um uns zu erreichen. Doch mit dem Fahrrad werden wir sie in Erstaunen setzen.«[1]

Bis es so weit ist, können sich zumindest alle Erdbewohner am Glück erfreuen, ein Velo nutzen zu können:

Fahrt mit dem Rad, denn »es ist das bemerkenswerteste, genialste und anregendste Fortbewegungsmittel, das jemals auf diesem Planeten erfunden wurde.«

*Francis Willard,
amerikanische Frauenrechtlerin*

---

1 Elmar Schenkel, Cyclomanie. Das Fahrrad und die Literatur. Isele, 2008, S. 127

Bildnachweis

Annette Koroll: S. 43; Evoc: S. 143 unten; Katie Fritz-Randolph: S. 126; Peter Schulz: S. 112; Pressedienst Fahrrad: www.abus.de | pd-f: S. 141, 145 oben; www.bumm.de | pd-f: S. 138 oben; www.cosmicsports.de | pd-f: S. 65 unten links; www.fizik.com | pd-f: S. 63 unten rechts; www.grofa.com | pd-f: S. 135 unten; www.ortlieb.com | pd-f: S. 53, 143 oben; www.pd-f.de / Frank-Stefan Kimmel: S. 34 oben, 64; www.pd-f.de / Kay Tkatzik: S. 54, 133 unten, 136 rechts; www.pd-f.de / koga.com: S. 28/29, 33; www.pd-f.de / Mathias Kutt: S. 34 unten, 139 unten; www.pd-f.de / winora staiger: S. 27; www.puky.de | pd-f: S. 47; www.racktime.com | pd-f: S. 142 unten; www.schwalbe.com | pd-f: S. 30 unten, 127 oben, 134, 139 oben; www.selleroyal.com | pd-f: S. 62, 63 links, 69; www.sportimport.de | pd-f: S. 65 oben, 67 links; www.sram.com | pd-f: S. 30 oben, 138 unten; www.velotraum.de| pd-f: S. 136 links; www.wsm.eu | pd-f: S. 144; Kerstin Finkelstein/Rainer Jensen: S. 6, 9-13, 15, 18/19, 21-25, 44, 51-53 oben, 57, 58, 61, 63 oben 66/67 rechts, 65 unten rechts, 74, 90/91, 99 unten, 101 unten, 102-104, 108, 110, 112, 114 oben, 124-127 unten, 130-133 oben, 135 oben, 140 oben, 145 unten, 146-149; Renate Buffaloe: S. 48; Scott: S. 35, 36/37, 40/41, 140 unten; Sebastian Fiedler: S. 97-99 oben,100 , 101 oben, 105-107

Autoren und Verlag haben sich bemüht, die Rechte an den verwendeten Bildern zu klären. Eventuell nicht aufgeführte Urheber werden gebeten, sich mit dem Verlag oder den Autoren in Verbindung zu setzen.

Bibliografische Information der Deutschen Nationalbibliothek
Die Deutsche Nationalbibliothek verzeichnet diese Publikation
in der Deutschen Nationalbibliografie; detaillierte bibliografische
Daten sind im Internet über http://dnb.dnb.de abrufbar.

1. Auflage
ISBN 978-3-667-10924-8
© Delius Klasing & Co. KG, Bielefeld

Lektorat: Mathias Müller, René Stein
Illustrationen: inch3, Bielefeld
Umschlaggestaltung: Felix Kempf, www.fx68.de
Layout: Gabriele Engel, Bielefeld
Lithografie: Mohn Media, Gütersloh
Druck: Westermann Druck, Zwickau
Printed in Germany 2017

Alle in diesem Buch enthaltenen Angaben und Daten wurden von den Autoren nach bestem Wissen erstellt und von ihnen sowie vom Verlag mit der gebotenen Sorgfalt überprüft. Gleichwohl können wir keinerlei Gewähr oder Haftung für die Richtigkeit, Vollständigkeit und Aktualität der bereitgestellten Informationen übernehmen.

Alle Rechte vorbehalten! Ohne ausdrückliche Erlaubnis des Verlages darf das Werk weder komplett noch teilweise reproduziert, übertragen oder kopiert werden, wie z. B. manuell oder mithilfe elektronischer und mechanischer Systeme inklusive Fotokopieren, Bandaufzeichnung und Datenspeicherung.

Delius Klasing Verlag, Siekerwall 21, D - 33602 Bielefeld
Tel.: 0521/559-0, Fax: 0521/559-115
E-Mail: info@delius-klasing.de · www.delius-klasing.de

In der Welt zu Hause

Gunnar Fehlau
Rad und Raus
Alles für Microadventure und Bikepacking
ISBN 978-3-667-10929-3

Julia Richter / Stefan Richter
Honeymoon XXL
Vom Standesamt ins Outdoor-Abenteuer
ISBN 978-3-667-10458-8

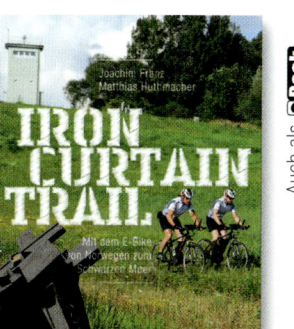

Matthias Huthmacher / Joachim Franz
Iron Curtain Trail
Mit dem E-Bike von Norwegen zum Schwarzen Meer
ISBN 978-3-667-10325-3

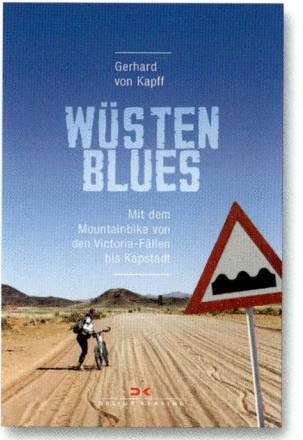

Gerhard von Kapff
Wüstenblues
Mit dem Mountainbike von den Victoria-Fällen bis Kapstadt
ISBN 978-3-667-10943-9

Der Berg ruft!

Holger Meyer / Thomas Rögner
Bike Fahrtechnik
ISBN 978-3-667-10713-8

Björn Kafka
Schneller am Berg mit dem Mountainbike
ISBN 978-3-667-10458-8

Christoph Listmann
Mountainbike Marathon
ISBN 978-3-667-10325-3

Gitta Beimfohr / Christoph Listmann
Erlebnis Transalp
ISBN 978-3-667-10943-9

Im Handel oder unter www.delius-klasing.de